全国环境影响评价工程师职业资格考试系列参考资料

环境影响评价技术方法
基础过关 800 题

（2020 年版）

杨利芳　主编

中国环境出版集团·北京

本 书 编 委 会

主　　编　杨利芳

副 主 编　郭治敏　张智锋

参编人员　徐　颂　荆晓生　丁　佩　郭小梅　王　玙

　　　　　王　丽　雷　芬　刘玉龙　王晓云

前　言

环境影响评价是我国环境管理制度之一，是从源头上预防环境污染的主要手段。环境影响评价工程师职业资格考试制度是提高环境影响评价水平的一种有效举措，自2005年实施以来，对于整体提高我国环境影响评价从业人员的专业素质起到了很大的推进作用。考试科目设《环境影响评价相关法律法规》、《环境影响评价技术导则与标准》、《环境影响评价技术方法》、《环境影响评价案例分析》共四科，其中前三个科目的考试全部采用客观题，包括单项选择题和不定项选择题。

为帮助广大考生省时高效地复习应考，我们在总结多年来考试试题的基础上，以最新的法律、法规、各种技术导则、标准和方法为依据，严格按照本年度考试大纲要求，精心编写了本书。本书的全部试题完全按照历年考试试题的形式和考试要求编写，题目涵盖了大纲所有的考点，知识点突出、覆盖面广、仿真性强，部分练习在答案中附有详细解析，方便考生使用。

本书的编写原则是强调实战，急考生之所急，有的放矢，在短时间内帮助考生快速提高应考能力。因为在复习过程中，做练习是检验复习效果的有效方法，也是提高考试成绩的理想途径。

本书可作为环境影响评价工程师考试的辅导材料，并可供高等院校环境科学、环境工程等相关专业教学时参考。

本书是在徐颂老师往年主编图书的基础上完成的，在编写的过程中得到了徐颂老师的精心指导和大力支持，在此表示衷心的感谢。还要感谢中圣环境科技发展有限公司领导和同事在本书编写过程中给予的协助和大力支持。本书编写过程中也参阅了部分国内相关文献和书籍，在此一并感谢。同时感谢中国环境出版集团黄晓燕编辑及其同事们为本书付出的劳动。

尽管我们为本书的编写付出了大量的精力，但由于编者水平有限，本书的内容仍然可能存在疏漏，不足之处在所难免，敬请同行和读者批评指正。编者联系方式：zhifzhang@qq.com。

编　者

2019年2月

目　录

第一章　工程分析

一、单项选择题（每题的备选选项中，只有一个最符合题意）

1. 分析污染型生产工艺过程中水污染物产生量时，应绘制物料平衡图、水平衡图以及（　　）。

A. 废水处理工艺流程图　　B. 项目总平面图

C. 水环境功能区划图　　D. 生产工艺流程图

2. 下列不属于污染型项目工程分析基本内容的是（　　）。

A. 总图布置方案分析　　B. 环保措施方案分析

C. 工艺流程　　D. 替代方案

3. 下列不属于污染物分析内容的是（　　）。

A. 物料与能源消耗定额　　B. 污染物排放总量建议指标

C. 水平衡　　D. 非正常排放源强统计与分析

4. 下列不属于工程概况内容的是（　　）。

A. 物料与能源消耗定额　　B. 清洁生产水平

C. 项目组成　　D. 人员数量与工作时间

5. 下列不属于建设项目选址要考虑内容的是（　　）。

A. 是否与规划相协调　　B. 是否影响敏感的环境保护目标

C. 是否违反法规要求　　D. 是否与当地的经济发展协调

6. 总图布置方案分析时，需参考国家有关防护距离规范，分析厂区与周围环境保护目标之间所定防护距离的可靠性，合理布置建设项目的各构筑物及生产设施，给出（　　）。

A. 总图的地形图　　B. 总图各车间布局平面图

C. 总图布置方案与内环境关系图　　D. 总图布置方案与外环境关系图

7. 总图布置方案分析时，需分析厂区与周围环境保护目标之间所定（　　）的保证性。

A. 卫生防护距离　　B. 卫生防护距离和安全防护距离

C. 安全防护距离　　D. 卫生防护距离和防火防护距离

8. 某装置产生浓度为 5%的氨水 1 000 t，经蒸氨塔回收浓度为 15%的氨水 300 t，蒸氨塔氨气排气约占氨总损耗量的 40%，进入废水中的氨是（　　）t/a。

A．2　　B．3　　C．5　　D．15

9．某锅炉燃煤量 100 t/h，煤含硫量 1%，硫进入灰渣中的比例为 20%，烟气脱硫设施的效率为 80%，则排入大气中的 SO_2 量为（　　）t/h。

A．0.08　　B．0.16　　C．0.32　　D．0.40

10．某印染厂上报的统计资料显示新鲜工业用水 0.8 万 t，但其水费单显示新鲜工业用水 1 万 t，无监测排水流量，排污系数取 0.7，其工业废水排放（　　）万 t。

A．1.26　　B．0.56　　C．0.75　　D．0.7

▲（11、12 题根据以下内容回答）A 企业年新鲜工业用水 0.9 万 t，无监测排水流量，排污系数取 0.7，废水处理设施进口 COD 质量浓度为 500 mg/L，排放口 COD 质量浓度为 100 mg/L。

11．A 企业去除 COD 是（　　）kg。

A．25 200 000　　B．2 520　　C．2 520 000　　D．25 200

12．A 企业排放 COD 是（　　）kg。

A．6 300　　B．630 000　　C．630　　D．900

13．某企业年烧柴油 200 t，重油 300 t，柴油燃烧排放系数 1.2 万 m^3/t，重油燃烧排放系数 1.5 万 m^3/t，废气年排放量为（　　）万 m^3。

A．690　　B．6 900　　C．660　　D．6 600

14．工程分析时，现有工程污染源源强的核算应优先采用（　　）。

A．产污系数法　　B．排污系数法　　C．类比法　　D．实测法

15．用排污系数法进行工程分析时，此法属于（　　）。

A．物料衡算法　　B．类比法　　C．数学模式法　　D．资料复用法

16．物料衡算法能进行工程分析的原理是依据（　　）。

A．自然要素循环定律　　B．市场经济规律

C．质量守恒定律　　D．能量守恒定律

17．采用实测法进行源强核算时，应同步记录监测期间生产装置的（　　）。

A．运行工况参数　　B．物料投加量

C．产品产量　　D．燃料消耗量

18．下图为某厂 A、B、C 三个车间的物料关系，下列物料衡量系统表达正确的是（　　）。

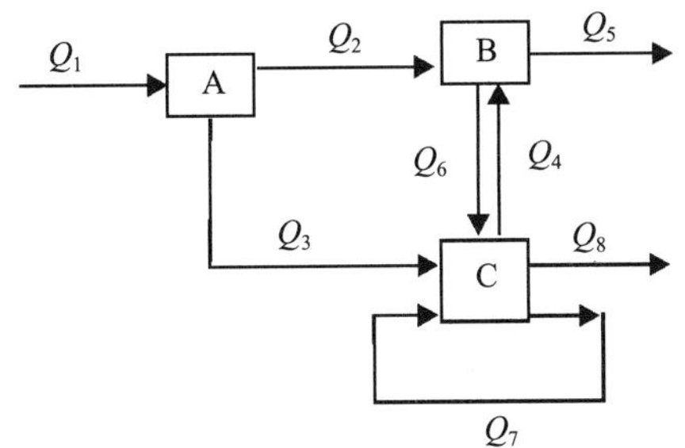

A．$Q_1=Q_5+Q_8$　　B．$Q_3+Q_4=Q_6+Q_8$

C．$Q_2+Q_3=Q_5+Q_7$　　D．$Q_2+Q_3+Q_4=Q_5+Q_6+Q_8$

19．某除尘系统（一个含尘气体进口，一个净化气体出口和收集粉尘口），已知每小时进入除尘系统的烟气量 Q_0 为 12 000 m^3，含尘浓度 C_0 为 2 200 mg/m^3，每小时收集的粉尘量 G_2 为 22 kg，若不考虑除尘系统漏气影响，净化后的废气含尘浓度为（　　）mg/m^3。

A．46.68　　B．366.67　　C．36.67　　D．466.8

20．某电镀企业每年用铬酸酐（CrO_3）4 t，其中约 15%的铬沉淀在镀件上，约有 25%的铬以铬酸雾的形式排入大气，约有 50%的铬从废水中流失，其余的损耗在镀槽上，则全年随废水排放的六价铬是（　　）t。（已知：Cr 元素原子量：52）

A．2　　B．1.04　　C．2.08　　D．无法计算

21．某电镀企业使用 $ZnCl_2$ 做原料，已知年耗 $ZnCl_2$ 100 t（折纯）；98.0%的锌进入电镀产品，1.90%的锌进入固体废物，剩余的锌全部进入废水中；废水排放量为 15 000 m^3/a，废水中总锌的质量浓度为（　　）mg/L。（Zn 原子量：65.4，Cl 原子量：35.5）

A．0.8　　B．1.6　　C．3.2　　D．4.8

22．某化工企业年产 400 t 柠檬黄，另外每年从废水中可回收 4 t 产品，产品的化学成分和所占比例为：铬酸铅（$PbCrO_4$）占 54.5%，硫酸铅（$PbSO_4$）占 37.5%，氢氧化铝［$Al(OH)_3$］占 8%。排放的主要污染物有六价铬及其化合物、铅及其化合物、氮氧化物。已知单位产品消耗的原料量为：铅（Pb）621 kg/t，重铬酸钠（$Na_2Cr_2O_7$）260 kg/t，硝酸（HNO_3）440 kg/t。则该厂全年六价铬的排放量为（　　）t。（已知：各元素的原子量：Cr 为 52，Pb 为 207，Na 为 23，O 为 16）

A．0.351　　B．6.2　　C．5.85　　D．无法计算

23．某企业年投入物料中的某污染物总量 9 000 t，进入回收产品中的某污染物总量为 2 000 t，经净化处理掉的某污染物总量为 500 t，生产过程中被分解、转化的某污染物总量为 100 t，某污染物的排放量为 5 000 t，则进入产品中的某污染物总量为（　　）t。

A．14 000　B．5 400　C．6 400　D．1 400

▲（24～26 题根据以下内容回答）某电厂监测烟气流量为 200 m^3/h，烟尘进治理设施前浓度为 1 200 mg/m^3，排放浓度为 200 mg/m^3，未监测二氧化硫排放浓度，年运转 300 d，每天 20 h；年用煤量为 300 t，煤含硫率为 1.2%，无脱硫设施。

24．该电厂每年烟尘去除量是（　　）kg。

A．1 200 000　B．1 200　C．1 440　D．1 200 000 000

25．该电厂每年烟尘排放量是（　　）kg。

A．240　B．24 000 000　C．2 400　D．24 000

26．该电厂二氧化硫排放量是（　　）mg/s。

A．26 666　B．5 760　C．266.7　D．57.6

27．某燃煤锅炉烟气采用碱性水膜除尘器处理。已知燃煤量 2 000 kg/h，燃煤含硫量 1.5%，进入灰渣硫量 6 kg/h，除尘器脱硫率为 60%，则排入大气中的二氧化硫量为（　　）kg/h。

A．4.8　B．9.6　C．19.2　D．28.8

28．对于新建项目污染物排放量的统计方法应以（　　）为核算单元，对于泄漏和放散量部分，原则上要实测。

A．车间或工段　B．车间　C．工段　D．单位或车间

29．对于最终排入环境的污染物，确定其是否达标排放，达标排放必须以建设项目的（　　）负荷核算。

A．最小　B．最大　C．平均　D．中等

30．某企业进行锅炉技术改造并增容，现有 SO_2 排放量是 200 t/a（未加脱硫设施），改造后，SO_2 产生总量为 240 t/a，安装了脱硫设施后 SO_2 最终排放量为 80 t/a，请问：“以新带老”削减量为（　　）t/a。

A．80　B．133.4　C．40　D．13.6

31．某工程用新鲜水 4 000 m^3/d，其中，生产工艺用新鲜水 3 200 m^3/d，生活用新鲜水 260 m^3/d，空压站用新鲜水 100 m^3/d，自备电站用新鲜水 440 m^3/d。项目循环水量 49 200 m^3/d，该工程水重复利用率为（　　）。

A．81.2%　B．92.5%　C．C．94%　D．98%

32．某工程生产工艺用新鲜水 1 600 m^3/d，生活用新鲜水 130 m^3/d，公用工程用新鲜水 270 m^3/d。项目循环水 24 600 m^3/d，则该工程水重复利用率为（　　）。

A．91.5%　B．92.5%　C．C．92.9%　D．93.9%

33．某企业循环水系统用水量为 1 000 m^3/h，新鲜水补水量为用水量的 5%。循环水系统排水量为 30 m^3/h，循环水利用率为（　　）。

A．95.0%　B．95.2%　C．97.0%　D．98.0%

34．某造纸厂日产凸版纸 3 000 t，吨纸耗水量 450 t，经工艺改革后，生产工艺中采用了逆流漂洗和白水回收重复利用，吨纸耗水降至 220 t。该厂每日的重复水利用率是（　　）。

A．47.8%　　B．95.6%　　C．48.9%　　D．51.1%

35．某工业车间工段的水平衡图如下（单位：m^3/d），该车间的重复水利用率是（　　）。

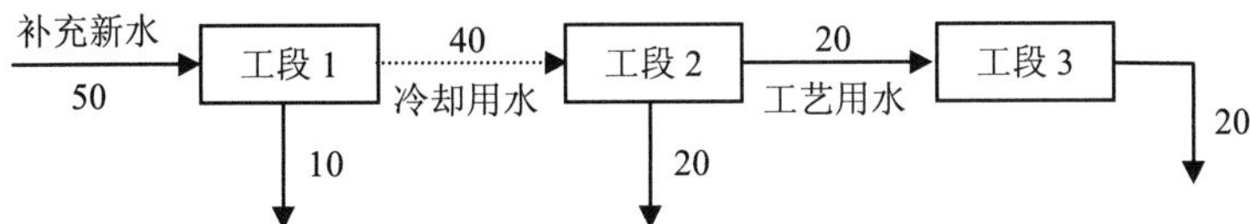

A．44.4%　　B．28.6%　　C．54.5%　　D．40%

36．接 35 题，该车间工艺水重复利用率为（　　）。

A．40%　　B．28.6%　　C．54.5%　　D．80%

37．接 35 题，该车间冷却水重复利用率为（　　）。

A．90%　　B．44.4%　　C．40%　　D．36.4%

38．某企业车间的水平衡图如下（单位：m^3/d），该车间的重复水利用率是（　　）。

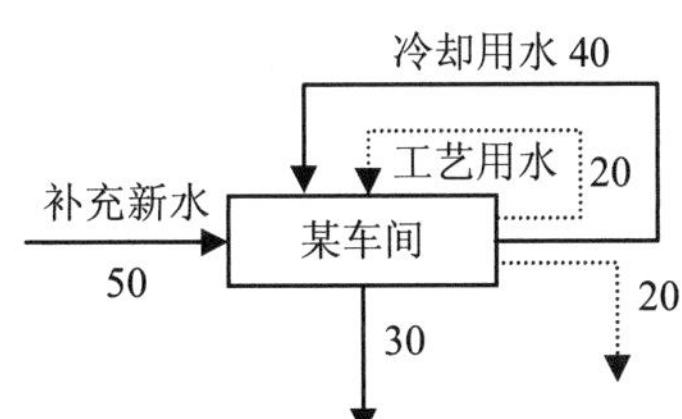

A．44.4%　　B．28.6%　　C．54.5%　　D．40%

39．某企业给水系统示意图如下（单位：m^3/d），该厂的用水重复利用率是（　　）。

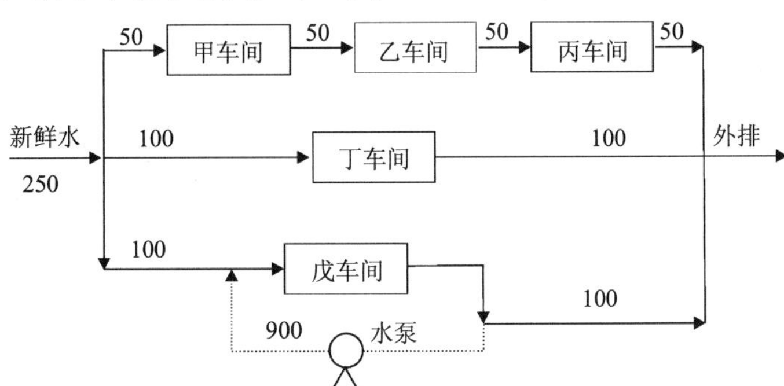

A．78.3%　　B．80%　　C．50.5%　　D．84%

40．某厂用水情况如下图所示，该厂的用水重复利用率是（　　）。

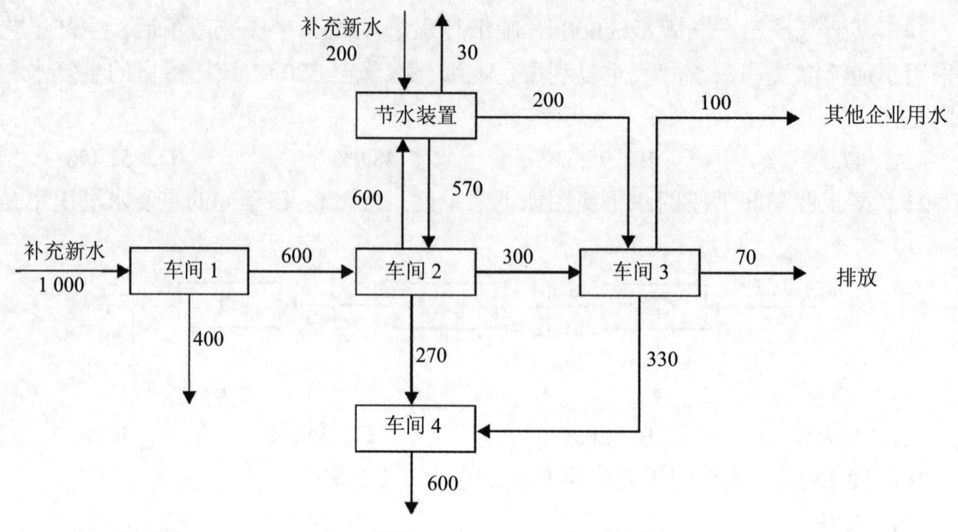

A．32.2%　　B．57%　　C．67.4%　　D．63.3%

▲某建设项目水平衡图如下（单位：m^3/d），请回答问题 41～44：

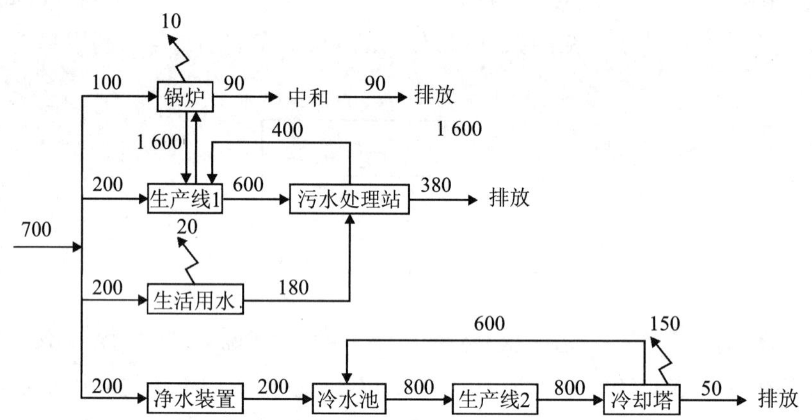

41．项目的工艺水回用率为（　　）。

A．71.4%　　B．75.9%　　C．78.8%　　D．81.5%

42．项目的工业用水重复利用率为（　　）。

A．75.9%　　B．78.8%　　C．81.5%　　D．83.9%

43．项目的间接冷却水循环率为（　　）。

A．75.0%　　B．78.8%　　C．81.5%　　D．83.9%

44．项目的污水回用率为（　　）。

A．43.5%　　B．46.0%　　C．51.3%　　D．65.8%

45．无组织排放源是指没有排气筒或排气筒高度低于（　　）排放源排放的污染物。

A．10 m　　B．12 m　　C．15 m　　D．18 m

46．通过全厂物料的投入产出分析，核算无组织排放量，此法为（　　）。

A．现场实测法　　B．物料衡算法　　C．模拟法　　D．反推法

47．位于环境质量不达标区域的新（改、扩）建工程污染源，应采用具备（　　）的污染防治可行技术，并选取对应的参数进行源强核算。

A．国家推荐　　B．常见　　C．成熟　　D．最优排放水平

48．在分析环保设施投资构成及其在总投资中所占的比例时，一般可按水、气、声、固废、绿化等列出环保投资一览表，但对技改扩建项目，一览表还应包括（　　）的环保投资。

A．以老带新　　B．以新带老　　C．引资　　D．原有

49．在分析依托设施的可行性时，如废水经简单处理后排入区域污水处理厂，需分析污水处理厂的工艺是否与项目（　　）相符，是否还有足够的处理能力等。

A．工艺　　B．水文特征　　C．水质特征　　D．规模

50．生态影响型项目工程分析必须做（　　）分析。

A．时空　　B．重要时期　　C．建设期、运行期　　D．全过程

51．施工期的工程措施对生态影响途径分析，主要包括施工人员施工活动、机械设备使用等使（　　）改变，使土地和水体生产能力及利用方向发生改变。

A．大气、地形地貌　　B．植被、地形地貌

C．植被、声环境　　D．地形地貌

52．某废水处理站采用二级处理工艺，进水量为 10 000 m^3/d，COD 质量浓度为 1 500 mg/L；一级 COD 去除率为 80%，二级 COD 去除率为 70%。则该处理站外排 COD 是（　　）t/d。

A．0.45　　B．0.90　　C．1.80　　D．3.75

53．甲企业年排废水 600 万 t，废水中氨氮浓度为 20 mg/L，排入Ⅲ类水体，拟采用废水处理方法氨氮去除率为 60%，Ⅲ类水体氨氮浓度的排放标准 15 mg/L。甲企业废水处理后氨氮年排放量为（　　）t。

A．48　　B．72　　C．4.8　　D．7.2

54．乙企业年排废水 300 万 t，废水中 COD 浓度为 450 mg/L，排入Ⅳ类水体，拟采用废水处理方法 COD 去除率为 50%，Ⅳ类水体 COD 浓度的排放标准 200 mg/L。乙企业废水 COD 达标年排放量为（　　）t。

A．60　　B．6 000　　C．750　　D．600

55．丙企业建一台 20 t/h 蒸发量的燃煤蒸汽锅炉，最大耗煤量 2 000 kg/h，引风机风量为 30 000 m^3/h，全年用煤量 5 000 t，煤的含硫量 1.5%，排入气相 80%，SO_2 的排放标准 900 mg/m^3。该企业 SO_2 最大产生浓度是（　　）mg/m^3。

A. 2 000　　B. 1 500　　C. 1 000　　D. 1 600

56. 某企业锅炉燃油量为 10 000 t/a，含硫量为 1%；若 SO_2 总量控制指标为 40 t/a，则该锅炉脱硫设施的效率至少应大于（　　）。

A. 90%　　B. 80%　　C. 70%　　D. 60%

二、不定项选择题（每题的备选项中至少有一个符合题意）

1. 下列属于污染型项目工程分析基本内容的有（　　）。

A. 总图布置方案分析　　B. 环保措施方案分析

C. 工艺流程及产污环节分析　　D. 污染物分析

E. 清洁生产水平分析

2. 下列属于污染物分析内容的有（　　）。

A. 污染物产污环节　　B. 污染物排放总量建议指标

C. 物料平衡与水平衡　　D. 非正常排放源强统计与分析

E. 无组织排放源强统计与分析

3. 下列属于总图布置方案分析内容的有（　　）。

A. 厂区与周围保护目标的防护距离的安全性

B. 依据气象和水文等自然条件分析厂区和车间布置的合理性

C. 环境敏感点处置措施的可行性

D. 环保设施构成及有关经济技术参数的合理性

4. 总图布置方案与外环境关系图应标明（　　）。

A. 保护目标与建设项目的方位关系　　B. 保护目标与建设项目的距离

C. 比例尺　　D. 保护目标的内容与性质

E. 风向玫瑰图

5. 与拟建污染型项目环境影响程度有关的因素包括（　　）。

A. 选址　　B. 生产工艺　　C. 生产规模　　D. 原辅材料

6. 建设项目选址应从下列（　　）方面进行环境合理性论证。

A. 是否与规划相协调　　B. 是否影响敏感的环境保护目标

C. 是否违反法规要求　　D. 是否满足环境功能区要求

E. 是否造成重大资源经济和社会文化损失

7. 总图布置方案分析的内容包括（　　）。

A. 分析厂区的区位优势的合理性

B. 分析厂区与周围环境保护目标之间所定卫生防护距离和安全防护距离的保证性

C. 根据气象、水文等条件分析工厂和车间布置的合理性

D. 分析对周围环境敏感点处置措施的可行性

8. 对于污染型项目，一般从其厂区总平面布置图中可以获取的信息有（　　）。

A. 采用的工艺流程　　B. 建（构）筑物位置

C. 主要环保设施位置　　D. 评价范围内的环境敏感目标位置

9. 在建设项目可行性报告中不能满足工程分析的需要时，目前可供选择的方法有（　　）。

A. 物料衡算法　　B. 类比法　　C. 数学模式法　　D. 排污系数法

10. 采用类比法进行工程分析时，应充分注意分析对象与类比对象之间的相似性和可比性，具体应注意以下哪些方面？（　　）

A. 环境特征的相似性　　B. 投资渠道的相似性

C. 工程一般特征的相似性　　D. 污染物排放特征的相似性

11. 技改扩建项目污染物源强在统计污染物排放量时，应算清新老污染源“三本账”，具体包括（　　）。

A. 技改扩建项目污染物排放量　　B. 技改扩建前污染物削减量

C. 技改扩建前污染物排放量　　D. 技改扩建完成后污染物排放量

12. 对于新建项目污染物排放量的计算，应算清“两本账”，这“两本账”指（　　）。

A. 生产过程中的产污量　　B. 污染物最终排放量

C. 实现污染物防治措施后的污染物削减量　　D. “以新带老”削减量

13. 对于用装置流程图的方式说明生产过程的建设项目，同时应在工艺流程中表明污染物的（　　）。

A. 产生位置　　B. 产生量　　C. 处理方式　　D. 污染物的种类

14. 无组织排放源是指（　　）排放的污染物。

A. 无规律　　B. 没有排气筒

C. 排气筒高度低于 10 m 的排放源　　D. 排气筒高度低于 15 m 的排放源

15. 无组织排放源的源强确定方法有（　　）。

A. 资料复用法　　B. 物料衡算法　　C. 类比法　　D. 产污系数

16. 非正常排污是下列哪些情况的排污？（　　）

A. 开车、停车排污　　B. 正常生产排污

C. 部分设备检修排污　　D. 其他非正常工况排污

17. 环境影响评价中，在（　　）的情况下需进行非正常工况分析。

A. 正常开车、停车　　B. 工艺设备达不到设计规定要求

C. 部分设备检修　　D. 环保设施达不到设计规定要求

18. 环保措施方案分析的内容包括（　　）。

A. 分析依托设施的可行性

B. 分析建设项目可研阶段环保措施方案的技术经济可行性

C．分析项目采用污染处理工艺，排放污染物达标的可靠性

D．分析环保设施投资构成及其在总投资中所占的比例

19．生态影响型项目工程分析的技术要点一般包括（　　）。

A．重点工程明确　　B．工程组成完全　　C．全过程分析

D．污染源分析　　E．其他分析

20．生态影响型项目工程分析时，下列（　　）应纳入分析中。

A．短期临时的工程　　B．公用工程　　C．长期临时的工程

D．环保工程　　E．辅助工程

21．生态影响型项目工程分析时，下列时期（　　）必须纳入分析中。

A．建设期　　B．运营期　　C．勘察设计期

D．运营后期　　E．选址选线期

22．下列（　　）是属于生态影响型项目工程分析的一般要求。

A．重点工程明确　　B．全过程分析　　C．工程组成完整　　D．污染源分析

23．生态影响型建设项目工程分析中，应纳入生态影响源项分析的有（　　）。

A．取弃土场位置和土石方量　　B．占地类型和面积

C．移民安置方案　　D．生态恢复

24．公路项目某桥梁拟跨越敏感水体，水环境影响评价的工程分析应考虑（　　）。

A．施工方案　　B．桥梁结构设计　　C．事故风险　　D．桥面径流

25．高速公路项目临时工程包括（　　）。

A．施工道路　　B．施工场地　　C．服务区

D．取弃土场　　E．物料堆场

26．对高速公路弃土场进行工程分析时，应明确弃土场的（　　）。

A．数量　　B．占地类型　　C．方式　　D．生态恢复

27．对煤矿采选项目进行工程分析时，生态影响应明确（　　）。

A．土地占压　　B．开采沉陷　　C．地表挖损　　D．工业场地

参考答案

一、单项选择题

1．D　【解析】生产工艺流程图能反映产生水污染物的环节或节点。

2．D　3．A　4．B

5. D 【解析】建设项目的选址、选线和规模，应从是否与规划相协调、是否违反法规要求、是否满足环境功能区要求、是否影响敏感的环境保护目标或造成重大资源经济和社会文化损失等方面进行环境合理性论证。

6. D 7. B

8. B 【解析】用物料衡算原理。产生量=1 000 t × 5%=50 t；回收=300 t × 15%=45 t；总损耗量=50 − 45=5 t。蒸氨塔氨气排气约占氨总损耗量的 40%，即 2 t，则进入废水中的氨是 3 t。

9. C 【解析】100 × 1% ×（1 − 20%）×（1 − 80%）× 2=0.32（t/h）

10. D 【解析】经验排污系数法在实务中用得较多。新鲜工业用水如有自来水厂的数据应优先使用自来水厂的数据，如没有自来水厂的数据则用企业上报的数据。工业废水排放量=1 万 t × 70% = 0.7 万 t。

11. B 【解析】COD 去除量 = 9 000 × 0.7 × 10^3 ×（500 − 100）× 10^{-6} = 2 520 kg。

注：1 t 水 = 1 000 kg；1 kg = 1 000 g = 1 000 000 mg；1 t 水 × 1 mg/L = 0.001 kg

12. C 【解析】COD 排放量 = 9 000 × 0.7 × 10^3 × 100 × 10^{-6} = 630 kg。

13. A 【解析】废气年排放量 = 200 × 1.2 + 300 × 1.5 = 690 万 m^3。

14. D 15. B 16. C 17. A

18. A 【解析】物料流 Q 是一种概括，可以设想为水、气、渣、原材料等的加工流程，是一种物质平衡体系。系统有下列平衡关系：

把全厂看作一个衡算系统，平衡关系为：$Q_1=Q_5+Q_8$

把 A 车间作为一个衡算系统，平衡关系为：$Q_1=Q_2+Q_3$

把 B 车间作为一个衡算系统，平衡关系为：$Q_2+Q_4=Q_5+Q_6$

把 C 车间作为一个衡算系统，平衡关系为：$Q_3+Q_6=Q_4+Q_8$

把 B、C 车间作为一个衡算系统，平衡关系为：$Q_2+Q_3=Q_5+Q_8$。注意：Q_4 和 Q_6 作为 B、C 两车间之间的交换不参与系统的衡算。循环量 Q_7 会互相消去。

19. B 【解析】每小时进入除尘系统的烟尘量=12 000 × 2 200 × 10^{-6}=26.4 kg

根据物料衡算：进入的烟尘量=收集的烟尘量+排放的烟尘量

所以：排放的烟尘量=26.4−22=4.4 kg

由于不考虑除尘系统漏气影响，净化后的废气量等于入口量，则：

净化后的废气含尘浓度=（4.4 × 10^6）/12 000=366.67（mg/m^3）

20. B 【解析】本题属化学原材料的物料衡算。

首先要从分子式中算铬的换算值，铬的换算值=$\frac{52}{52+16\times3}\times100\%=52\%$

据物料衡算和题中提供的信息，从废水流失的六价铬只有 50%，则全年随废水排放的铬=4 t × 50% × 52%=1.04（t）

21. C 【解析】

（1）首先要分别计算锌在原料中的质量分数

$$原料中锌的质量分数=\frac{65.4}{65.4+35.5\times2}\times100\%=\frac{65.4}{136.4}\times100\%=47.94\%$$

（2）每吨原料所含有锌质量

$1\times10^3\times47.94\%=479.4$（kg/t）

（3）进入废水中锌的质量

$100\times（1-98\%-1.9\%）\times479.4=47.94$ kg

（4）废水中总锌的质量浓度

$(47.94\times10^6)/(15\,000\times10^3)\approx3.2$（mg/L）

22. C 【解析】本题比较复杂，这种题可能会放在案例中考试。

（1）首先要分别计算铬在产品和原材料的质量分数

$$产品（铬酸铅）中铬的质量分数=\frac{52}{207+52+16\times4}\times100\%=\frac{52}{323}\times100\%=16.1\%$$

$$原料（重铬酸钠）中铬的质量分数=\frac{2\times52}{23\times2+52\times2+16\times7}\times100\%$$

$$=\frac{104}{262}\times100\%=39.69\%$$

（2）每吨产品所消耗的重铬酸钠原料中的六价铬质量

$260\times39.69\%=103.2$（kg/t）

每吨产品中含有六价铬质量（铬酸铅占54.5%）

$1\,000\times54.5\%\times16.1\%=87.7$（kg/t）

（3）生产每吨产品六价铬的损失量

$103.2-87.7=15.5$（kg/t）

（4）全年六价铬的损失量

$15.5\times400=6\,200$（kg）=6.2 t

（5）计算回收的产品中六价铬的重量

$4\,000\times54.5\%\times16.1\%=351$ kg=0.351 t

（6）计算全年六价铬的实际排放量

$6.2-0.351=5.849$ t ≈ 5.85 t

按照上述方法还可计算其他污染物的排放量。

23. D 【解析】利用公式$\Sigma G_{排放}=\Sigma G_{投入}-\Sigma G_{回收}-\Sigma G_{处理}-\Sigma G_{转化}-\Sigma G_{产品}$变换可求得$\Sigma G_{产品}$。

24. B 【解析】烟尘去除量$=200\times（1\,200-200）\times300\times20\times10^{-6}=1\,200$ kg

25. A　【解析】烟尘排放量 = 200 × 200 × 300 × 20 × 10^{-6} = 240 kg

26. C　【解析】用物料衡算法计算二氧化硫排放量（二氧化硫源强公式①）。二氧化硫排放量 =（300 × 10^9 × 2 × 0.8 × 1.2%）/（300 × 20 × 3 600）= 266.7 mg/s。注意单位转换。

27. C　【解析】（2 000 × 1.5% × 2 − 6 × 2）×（1−60%）=48 × 0.4=19.2。此题注意两点：一是计算二氧化硫量时没有乘 0.8，是因为题中已告之进入灰渣硫量，表示了硫不能完全转化二氧化硫；二是本题要计算二氧化硫的排放量，灰渣硫量 6 kg/h 要乘 2 才是二氧化硫量。

28. A　29. B

30. B　【解析】第一本账（改扩建前排放量）：200 t/a

第二本账（扩建项目最终排放量）：技改后增加部分为 240−200 = 40 t/a，处理效率为（240−80）/240 × 100% = 66.7%，技改新增部分排放量为 40 ×（1−66.7%）= 13.32 t/a；“以新带老”削减量：200 × 66.7% = 133.4 t/a；第三本账（技改工程完成后排放量）：80 t/a

注：此题因处理效率不是整数，算出来的结果与三本账的平衡公式有点出入。

31. B　【解析】因为该题问的是“该工程水重复利用率”，新鲜水应为 4 000 m^3/d，而不是生产工艺用新鲜水 3 200 m^3/d。49 200/53 200 × 100%=92.5%。

32. B　【解析】2008 年考题。

$$该工程水重复利用率 = \frac{24\,600}{24\,600 + 1\,600 + 130 + 270} \times 100\% = 92.5\%$$

33. B　【解析】1 000/（1 000+50）=95.2%。新鲜水补水量为 50 m^3/h，其中 30 m^3/h 为排水量，其余 20 m^3/h 为其他损耗。

34. D　【解析】此题是一个文字描述题，在实际中应用较广。工艺改革前的造纸日用新鲜水量为：3 000 × 450=1 350 000（t/d）；工艺改革后的日用新鲜水量为：3 000 × 220=660 000（t/d）；该厂的重复用水量为：1 350 000−660 000=690 000（t/d）；该厂的重复用水率为：（690 000/1 350 000）× 100%=51.1%。当然，此题有很简洁的计算方法。

35. C　【解析】由于教材没有对重复利用水量进行定义，很多考生在做这类题时经常搞错。重复利用水量是指在生产过程中，在不同的设备之间与不同的工序之间经两次或两次以上重复利用的水量；或经处理之后，再生回用的水量。本题属前一种情况。根据工业用水重复利用率的公式：工业用水重复利用率 = 重复利用水量/（重复利用水量 + 取用新水量），根据图示，本题的水重复利用了两次，重复利用水量为两次重复利用的和，即：（40+20）=60 m^3/d，取用新水量为：50 m^3/d。另外，“重复利用率”的名称不同的教材或文献有不同的说法，有的称“循环率”“回用率”等，总体的

① 此公式虽然在参考教材中没有列出，但在实务中经常用到。

意思基本相同。

36. B 【解析】从图中可知，工艺水重复水量为 20 m^3/d，根据工艺水重复利用率的公式：工艺水重复利用率 = 工艺水重复利用水量/（工艺水重复利用水量 + 工艺水取水量），该车间工艺水取水量为补充新水量（本题是问“车间”），即 50 m^3/d。

37. B 【解析】从图中可知，冷却水重复利用水量为 40 m^3/d，根据冷却水重复利用率的公式：冷却水重复利用率 = 冷却水重复利用量/（冷却水重复利用量 + 冷却水取水量），车间冷却水取水量就是车间补充新水量（本题是问“车间”），即 50 m^3/d。

38. C 【解析】本题的水平衡图与 35 题图的内容其实是一样的，只是表达的方式不一样。本题的水平衡图用的是归纳法，是把不同工段合并为一个车间，也就是说，本题是把车间作为一个对象，而前图是把工段作为一个对象。环评经常用此图来表达。不管用什么方式表达，理解了重复利用水的概念至关重要，接下来的题目将更为复杂些。

39. B 【解析】本题重复利用水量既有串级重复使用（2 次），也有循环重复使用。重复利用水量为：（50+50+900）=1 000 m^3/d，取用新水量为 250 m^3/d。用水重复利用率 = 1 000/（1 000 + 250） × 100%=80%。

从上述计算和实例中可知，重复用水量的实质是节约用水量。因为水被重复使用了，也就相当于节省了新鲜水的用量。

40. D 【解析】本题稍复杂，关键是要从图中找出新鲜水量和重复用水量。各车间的串级使用属于重复用水量。计算公式和详细图解如下：

$$\text{重复用水率} = \frac{600+570+300+270+330}{\underbrace{(1\,000+200)}_{\text{新鲜水}}+\underbrace{(600+570+300+270+330)}_{\text{重复用水}}} \times 100\%$$

$$= \frac{2\,070}{3\,270} \times 100\% = 63.3\%$$

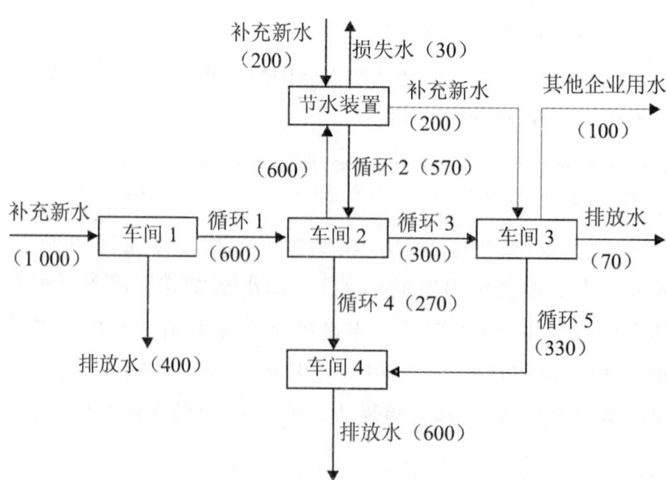

41. A 【解析】2005 年考试出了这类题（8 分，每空 2 分）[①]，考查水平衡与清洁生产有关指标的知识。注意：该图的画法与前面的图有些不同，有的环节不是串级重复使用水量，仅表示一个过程。根据工艺水回用率的公式：工艺水回用率 = 工艺水回用量/（工艺水回用量 + 工艺水取水量），工艺水回用量为（400+600）m^3/d，工艺水取水量为（200+200）m^3/d。

42. B 【解析】根据工业用水重复利用率的公式：工业用水重复利用率 = 重复利用水量/（重复利用水量 + 取用新水量），重复利用水量为（1 600+400+600）m^3/d，取用新水量为（100+200+200+200）m^3/d。

43. A 【解析】根据间接冷却水循环率的公式：间接冷却水循环率 = 间接冷却水循环量/（间接冷却水循环量 + 间接冷却水系统取水量），间接冷却水循环量为 600 m^3/d，间接冷却水系统取水量为 200 m^3/d。

44. B 【解析】根据污水回用率的公式：污水回用率 = 污水回用量/（污水回用量 + 直接排入环境的污水量），污水回用量为 400 m^3/d，直接排入环境的污水量为（90 + 380）m^3/d，冷却塔排放的为清净下水，不计入污水量。通过上述水平衡图的练习，相信各位考生对水平衡图和各种指标的应用基本掌握了。

45. C 46. B 47. D 48. B 49. C

50. C【解析】《建设项目环境影响评价技术导则　总纲》中 3.5.1 明确项目在建设阶段、生产运行阶段、服务期满后（可根据项目情况选择）等不同阶段各种行为与可能受影响的环境要素间的作用效应关系……《环境影响评价技术导则　煤炭采选工程》根据煤炭采选工程的时序特点，一般将煤炭采选工程划分为建设期和运行期；当剩余服务年限低于 5 年的，应该开展闭矿期环境影响评价。

51. B 【解析】施工期的工程措施对生态影响途径分析，主要包括施工人员施工活动、机械设备使用等使植被、地形地貌改变，使土地和水体生产能力及利用方向发生改变，以及由于生态因子的变化使自然资源受到影响。

52. B 【解析】$1\,500 \times（1 - 80\%）\times（1 - 70\%）\times 10\,000 \times 10^{-6}$=0.90 t/d

53. A 【解析】处理前年排放量为：$600 \times 10^4 \times 20 \times 10^3 \times 10^{-9}$=120 t。注意单位的换算。处理后年排放量为：120 −（120 × 0.6）=48 t。给出排放标准属干扰信息。

54. D 【解析】$300 \times 10^4 \times 200 \times 10^3 \times 10^{-9}$=600 t。题目中其他内容属干扰信息。

55. D 【解析】SO_2 最大排放量=2 000×1.5%×2×80%=48 kg/h。注意如果题中给的单位是 t，注意单位换算。SO_2 最大排放浓度=（48×10^6）/30 000= 1 600 mg/m^3。

56. B 【解析】锅炉二氧化硫的排放量=10 000 t/a × 1% × 2=200 t，（200−40）/200=

① 因仅凭编者回忆，数字不是原试题的数字。

0.8。此题要注意：二氧化硫排放量的计算公式中不能少乘 2（2 是根据硫转化为二氧化硫的化学反应式得来的）。

二、不定项选择题

1. ABCDE 2. BCDE 3. ABC 4. ABDE 5. ABCD

6. ABCDE 【解析】建设项目的选址、选线和规模，应从是否与规划相协调、是否违反法规要求、是否满足环境功能区要求、是否影响敏感的环境保护目标或造成重大资源经济和社会文化损失等方面进行环境合理性论证。

7. BCD

8. BC 【解析】厂区总平面布置图中能标明临近的环境敏感目标位置，教材中也要求总图布置要标识保护目标与建设项目的关系，但要把“评价范围内”的环境敏感目标位置在平面布置图中都标明，不符合实际，还需要用其他图件另外标明。

9. ABD 10. ACD 11. ACD 12. AC 13. AD 14. BD 15. BCD

16. ACD 【解析】其他非正常工况排污是指工艺设备或环保设施达不到设计规定指标的超额排污。

17. ABCD 18. ABCD 19. ABCDE 20. ABCDE 21. ABC 22. ABCD

23. ABC 【解析】ABC 三选项均涉及生态影响。至于 D 选项，它是生态保护措施，不应属于生态影响源。

24. ABCD 【解析】公路以桥梁形式跨越敏感水体对水环境的影响是需要特别关注的。不同的施工方案对水环境的影响是不同的，如水中墩施工时是否设置围堰或设置什么形式的围堰；桥梁结构设计也是要考虑的，如是否设置防撞栏，是否设置导排水设施（这与桥面径流有关）等。对水环境有影响的运输危险品事故风险也要考虑。

25. ABDE 【解析】服务区属于工程建设内容的一个重要组成部分，显然不能视为临时工程。而施工道路、施工场地、取弃土场及物料堆放场均为临时占地，在工程结束后是需要进行恢复和整治的。

26. ABCD

27. ABC 【解析】根据《环境影响评价技术导则　煤炭采选工程》 6.1.2.3 环境影响因素分析的主要内容 a）生态影响因素分析：简述建设期、运行期主要生态影响因素，主要包括土地占压、开采沉陷与地表挖损。

第二章　环境现状调查与评价

一、单项选择题（每题的备选选项中，只有一个最符合题意）

1．现状调查中，在进行环境保护目标调查时，应调查评价范围内的环境功能区划和（　　）

A．环境敏感区　　B．地理位置　　C．地表水　　D．保护对象

2．根据《环境影响评价技术导则　总纲》，环境现状调查与评价的内容不包括（　　）。

A．自然环境现状调查与评价　　B．环境保护目标调查

C．社会环境现状调查与评价　　D．环境质量现状调查与评价

3．对于新建项目，大气污染源调查与分析的方法有（　　）。

A．现场实测、类比法和经验估计法

B．物料衡算法

C．类比调查、物料衡算法、产排污系数法、实验法

D．现场调查和实测法

4．针对一些无法实测的大气污染源，（　　）是一种对生产过程中所使用的物料情况进行定量分析的科学方法。

A．类比法　　B．物料衡算法　　C．经验估计法　　D．现场调查

▲（5、6 题根据以下内容回答）某厂有一台链条炉（烟气中的烟尘占灰分量的 80%），装有湿式除尘器，除尘效率为 80%，用煤量为 1.8 t/h，煤的灰分含量为 25%，含硫率 2%。

5．该锅炉 SO_2 的排放量是（　　）mg/s。

A．32 000　　B．16 000　　C．40 000　　D．64 000

6．该锅炉烟尘的排放量是（　　）。

A．20 g/s　　B．20 kg/h　　C．30 kg/s　　D．25 kg/s

7．对于评价范围内的在建和拟建项目的大气污染源调查，可用（　　）确定。

A．物料衡算　　B．类比调查

C．已批准的环境影响报告书中的资料　　D．设计资料

8．对于现有项目和改扩建项目的现状大气污染源调查，可用（　　）确定。

A．类比调查　　B．物料衡算　　C．设计资料　　D．实际监测

9．污染源监测数据应采用（　　）工况下的监测数据。

A．75%　　B．75%或 75%以上

C．满负荷　　D．满负荷或者换算至满负荷

10．2008 年，某企业 15 m 高排气筒颗粒物最高允许排放速率为 3.50 kg/h，受条件所限排气筒高度仅达到 7.5 m，则颗粒物最高允许排放速率为（　　）kg/h。

A．3.50　　B．1.75　　C．0.88　　D．0.44

11．按《大气污染物综合排放标准》规定，某企业 100 m 高排气筒二氧化硫最高允许排放速率为 170 kg/h，受各种因素影响，该企业实建排气筒高度达到 200 m，则二氧化硫最高允许排放速率为（　　）kg/h。

A．340　　B．170　　C．680　　D．255

12．按《大气污染物综合排放标准》规定，某企业 100 m 高排气筒二氧化硫最高允许排放速率为 170 kg/h，但是，在距该企业 100 m 处有一栋建筑物有 105 m，则该企业二氧化硫最高允许排放速率为（　　）kg/h。

A．170　　B．340　　C．85　　D．200

13．按规定，某企业 100 m 高排气筒二氧化硫最高允许排放速率为 170 kg/h，90 m 高排气筒二氧化硫最高允许排放速率为 130 kg/h。该企业排气筒实建 95 m，则该企业二氧化硫最高允许排放速率为（　　）kg/h。

A．130　　B．170　　C．150　　D．165

14．作为项目所在区域达标判定的环境质量现状数据，应优先采用（　　）。

A．符合规定，并且与评价范围地理位置接近，地形、气候条件相近的环境空气质量区域点

B．国家或地方生态环境主管部门公开发布的评价基准年环境质量公告中的数据

C．近 3 年与项目排放的污染物有关的历史监测资料

D．厂址及主导风向下风向 5 km 范围内设置 1～2 个监测点，监测其一次空气质量浓度

15．下列（　　）不属于大气二级评价项目现状调查内容。

A．调查评价范围内有环境质量标准的评价因子的环境质量监测数据

B．调查项目所在区域环境质量达标情况

C．计算环境空气保护目标和网格点的环境质量现状浓度

D．对评价范围内有环境质量标准的评价因子进行补充监测

16．城市环境空气质量达标情况评价指标不包括（　　）。

A．CO　　B．O_3　　C．SO_2　　D．CO_2

17．达标区判定时，若评价项目范围涉及多个行政区，判定原则正确的是

（　　）。

A．分别评价各行政区的达标情况，若存在不达标行政区，则判定项目所在评价区域为不达标区

B．评价距项目所在的行政区，若为不达标区，则判定项目所在评价区域为不达标区

C．评价与项目地理位置接近，地形、气候条件相近的行政区，若为不达标区，则判定项目所在评价区域为不达标区

D．根据补充监测数据判定，若不达标，则判定项目所在评价区域为不达标区

18．关于各污染物的环境质量现状评价，下列说法错误的是（　　）。

A．对于超标的污染物，计算其超标倍数和超标率

B．长期监测数据的现状评价内容，对各污染物的年评价指标进行环境质量现状评价

C．补充监测数据的现状评价内容，分别对各监测点位不同污染物的短期浓度进行环境质量现状评价

D．分析大气污染物浓度的日变化规律以及大气污染物浓度与地面风向、风速等气象因素及污染源排放的关系

19．关于环境空气保护目标环境质量现状浓度的说法，下列说法正确的是（　　）。

A．对采用多个长期监测点位数据进行现状评价的，取各污染物相同时刻各监测点位的浓度平均值作为评价范围内环境空气保护目标的现状浓度

B．对采用多个长期监测点位数据进行现状评价的，取各污染物相同时刻各监测点位的浓度最大值作为评价范围内环境空气保护目标的现状浓度

C．对采用补充监测数据进行现状评价的，取各污染物相同时刻各监测点位的浓度平均值作为评价范围内环境空气保护目标的现状浓度

D．对采用补充监测数据进行现状评价的，取各污染物不同评价时段监测浓度的平均值作为评价范围内环境空气保护目标的现状浓度

20．对于编制报告书的工业项目的一级评价项目，污染源调查时不包括（　　）项目。

A．评价范围内与评价项目排放污染物有关的其他在建项目污染源

B．受本项目物料及产品运输影响新增的交通运输移动源

C．本项目污染源

D．评价范围内与评价项目排放污染物有关的其他正常运行的已建项目

21．对于编制报告书的工业项目，分析调查受本项目物料及产品运输影响的交通运输移动源，不包括（　　）项目。

A．运输方式　　B．新增交通流量
C．排放污染物及排放量　　D．车辆年限

22．对于城市快速路、主干路等城市道路的新建项目，需调查的污染源内容有（　　）。

A．交通流量及污染物排放量　　B．车辆类型
C．最大车速　　D．道路周边绿化情况

23．采样口周围水平面应保证270°以上的捕集空间，如果采样口一边靠近建筑物，采样口周围水平面应有（　　）以上的自由空间。

A．30°　　B．45°　　C．180°　　D．270°

24．某改建项目现状工程的污染源调查时，下列数据中优先采用的是（　　）。

A．项目监督性监测数据　　B．在线监测数据
C．年度排污许可执行报告　　D．自主验收报告

25．某项目为三级评价，下列属于其污染源调查内容的是（　　）。

A．本项目新增污染源　　B．现有污染源
C．评价范围内在建项目污染源　　D．评价范围内拟建项目污染源

26．补充监测应至少取得（　　）天的有效数据。

A．7　　B．10　　C．15　　D．20

27．某一级评价项目，补充监测布点以20年统计的当地主导风向为轴向，在厂址及主导风向下风向（　　）km范围内设置1～2个监测点。

A．2.5　　B．3　　C．5　　D．10

28．空气的水平运动称为风，风向指风的来向，用（　　）个方位表示。

A．8　　B．16　　C．10　　D．24

29．风频表征（　　）受污染的概率。

A．上风向　　B．主导风向　　C．下风向　　D．次主导风向

30．影响大气扩散能力的主要热力因子是（　　）。

A．风和大气稳定度　　B．温度层结和湍流
C．风和湍流　　D．温度层结和大气稳定度

31．吹某一方向的风的次数，占总的观测统计次数的百分比，称为该风向的（　　）。

A．风频　　B．风玫瑰图　　C．风场　　D．联合频率

32．大气湍流是指气流在三维空间内随空间位置和时间的（　　）涨落。

A．有规则　　B．不规则
C．水平方向不规则　　D．垂直方向不规则

33．影响大气扩散能力的主要动力因子是（　　）。

A．风和大气稳定度　　B．温度层结和大气稳定度

C．风和湍流　　D．温度层结和湍流

34．下列关于山谷风的说法，错误的是（　　）。

A．山谷风是发生在山区的山风和谷风的总称

B．白天风从山谷近地面吹向山坡，晚上风从山坡近地面吹向山谷

C．晚上风从山谷近地面吹向山坡，白天风从山坡近地面吹向山谷

D．山谷风是由于山坡和山谷受热不均而产生的

35．下列关于城市热岛环流的说法，正确的是（　　）。

A．城市热岛环流是由于城乡湿度差异形成的局地风

B．近地面，风从郊区吹向城市，高空则相反

C．白天风从城市近地面吹向郊区，晚上风从郊区近地面吹向城市

D．市区的污染物通过近地面吹向郊区

36．在风玫瑰图中出现 C=34%，其表达的意思是（　　）。

A．主导风频率为 34%　　B．静风频率为 34%

C．小风频率为 34%　　D．静风联合频率为 34%

37．下列（　　）风玫瑰图能准确反映统计资料的数据。

风向	N	NNE	NE	ENE	E	ESE	SE	SSE
频率/%	5.17	6.67	3.67	3.33	8.33	19.50	7.67	6.00
风向	S	SSW	SW	WSW	W	WNW	NW	NNW
频率/%	4.50	5.17	2.83	2.50	2.33	6.17	6.00	8.83

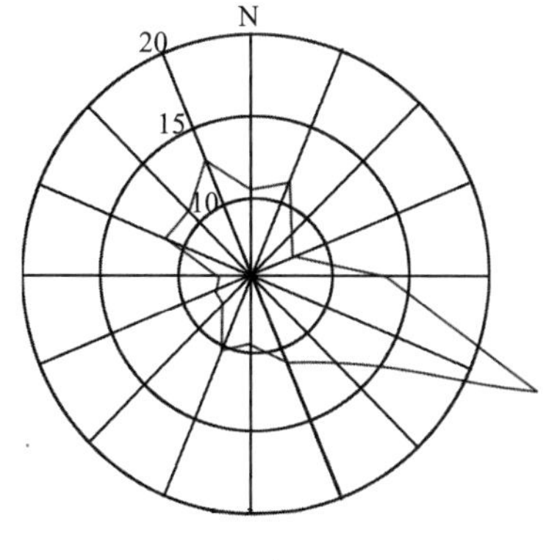

A

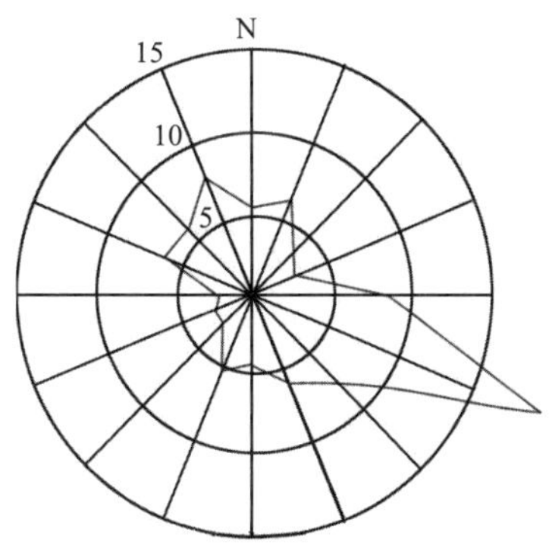

B

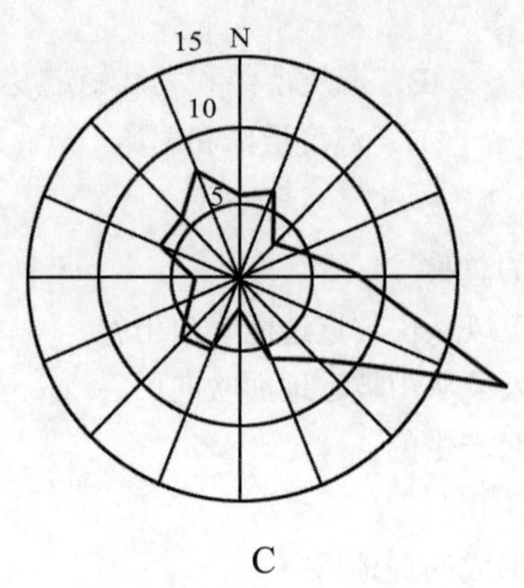

C

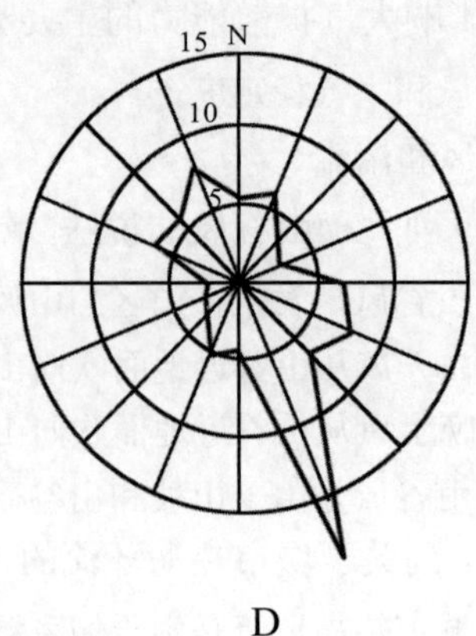

D

38．风向玫瑰图中的 C 代表风速（　　）m/s。

A．0　　B．<0.5　　C．≤0.5　　D．0～1.0

39．风廓线是指（　　）。

A．风速随时间的变化　　B．风速随温度的变化

C．风速随高度的变化　　D．风速随湿度的变化

40．温廓线是反映（　　）。

A．温度随高度的变化影响热力湍流扩散的能力

B．温度随高度的变化影响动力湍流扩散的能力

C．温度随高度的变化影响热力水平扩散的能力

D．温度随高度的变化影响动力水平扩散的能力

41．所谓逆温是指气温随海拔高度（　　）的现象。

A．减少　　B．不变　　C．增加　　D．不变或减少

42．下列关于海陆风的说法，错误的是（　　）。

A．海陆风是由于海陆热量反应差异造成的　B．白天下层气流由海洋吹向陆地

C．夜间上层气流由海洋吹向陆地　　D．夜间下层气流由海洋吹向陆地

43．估算模型 AERSCREEN 一般选取评价区域近（　　）年以上气候统计资料的统计结果。

A．10　　B．15　　C．20　　D．30

44．利用 CALPUFF 模型进行预测时，地面气象数据应选择（　　）的逐时地面气象数据。

A．距项目最近的气象站　　B．与气象特征基本一致

C．预测范围内所有地面气象站　　D．数据最全的气象站

45．AERMOD 模型气象数据选取时，离地高度 3 000 m 以内的有效数据层数应

不少于（　　）层。

A．5　　B．15　　C．10　　D．20

46．下图的主导风向是（　　）。

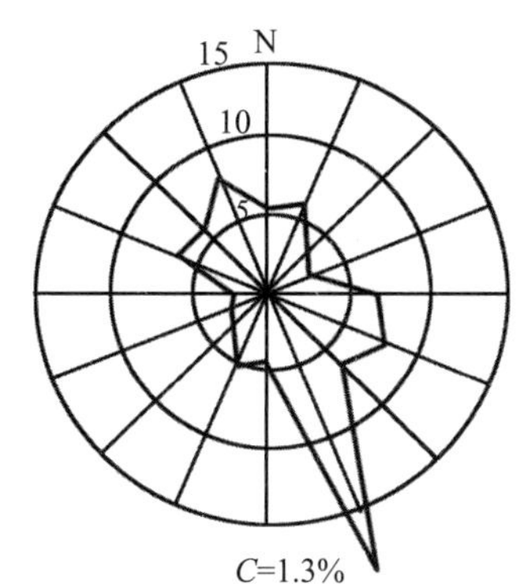

A．ESE　　B．SSE　　C．SE　　D．不能确定

47．估算模型的地表参数根据模型特点取项目周边（　　）km 范围内占地面积最大的土地利用类型来确定。

A．1　　B．5　　C．10　　D．3

48．AERMOD 所需的区域湿度条件划分可根据（　　）进行选择。

A．地面气象资料　　B．中国干湿地区划

C．高空气象资料　　D．生态环境部门公布的数据

49．区域现状污染源排放清单数据应采用（　　）。

A．近 3 年内相关污染源监测数据

B．近 3 年内国家或地方生态环境主管部门发布的数据

C．近 5 年内国家或地方生态环境主管部门发布的数据

D．仅包括人为源的数据

50．水污染影响型建设项目，（　　）应作为地表水环境影响评价因子。

A．水温　　B．水位

C．pH　　D．纳污河流冲淤变化

51．一般情况，水文调查与水文测量宜在（　　）进行，必要时可根据需要在其他时期进行。

A．丰水期　　B．平水期　　C．枯水期　　D．冰封期

52．对于水污染影响型建设项目的现状调查，与水质调查同步进行的水文测量，原则上可只在（　　）进行。

A．两个时期内　　B．平水期　　C．丰水期　　D．一个时期内

53．对于水污染影响型建设项目的现状调查，在水文测量的时间、频次和断面

与水质调查不完全相同时，应保证满足水环境影响预测所需的（　　）的要求。

A．模型参数　　B．水文参数

C．水文特征值及环境水力学参数　　D．水质特征值及模型参数

54．对于地表水环境影响二级评价项目，受影响的水体为河流时，一般情况下应调查（　　）。

A．丰水期、枯水期和平水期　　B．平水期和枯水期

C．丰水期和枯水期　　D．枯水期

55．当调查的水下地形数据不能满足水环境影响预测要求时，应（　　）。

A．对水下地形进行简化　　B．开展水下地形补充测绘

C．按复杂地形进行预测　　D．按简单地形进行预测

56．地表水环境影响评价点污染源调查内容不包括（　　）。

A．用排水状况　　B．排放特点

C．排污数据　　D．产污数据

57．某新建项目生产民用建材，厂地附近有分散式畜禽养殖，进行地表水面污染源调查时不包括（　　）。

A．畜禽养殖种类　　B．主要污染物浓度

C．排放口平面位置　　D．养殖方式

58．某建设项目拟排放的污水中含总磷，距离项目最近的水体为某海湾，周围居民产生的未经处理的生活污水也汇入该海湾，若将其作为纳污水体，则进行地表水环境影响评价时必须评价的因子为（　　）。

A．总氮　　B．悬浮物　　C．透明度　　D．叶绿素 a

59．入海河口与一般河流最显著的区别是（　　）。

A．入海河口的河宽较大　　B．入海河口的流速较慢

C．入海河口受到潮汐的影响　　D．入海河口的流量较小

60．水污染影响型建设项目，当受纳水体为湖库时，以排放口为圆心，调查半径在评价范围基础上外延（　　）。

A．10%～20%　　B．15%～20%　　C．20%～50%　　D．30%～50%

61．对于水文要素影响型建设项目，年径流量与总库容百分比（　　）时，评价等级为一级。

A．$\alpha<10$　　B．$\alpha\geqslant20$　　C．$\alpha\leqslant20$　　D．$\alpha\leqslant10$

62．某冶金机电项目排放的废水经自建污水处理站预处理后，排入园区污水处理厂进一步处理后达标排放，最终废水排放量为 500 m^3/d，第一类污染物当量数总和为 8 000，则判断该项目地表水环境影响评价等级为（　　）。

A．一级　　B．二级　　C．三级 A　　D．三级 B

63．某化工项目，进行地表水环境影响评价等级时，应统计（　　）的排放量。

A．污染物满足排放要求的锅炉废水　　B．含热量大的冷却水

C．循环水　　D．间接冷却水

64．径流要素影响型建设项目评价等级划分时选用的指标是（　　）。

A．兴利库容与年径流量百分比　　B．年径流量与总库容百分比

C．过水断面宽度占用比例　　D．工程扰动水底面积

65．关于底泥污染状况评价方法，推荐采用（　　）。

A．算术平均法　　B．幂指数法

C．加权平均法　　D．单项污染指数法

66．气温为 23℃时，某河段溶解氧浓度为 4.5 mg/L，已知该河段属于Ⅱ类水体，如采用单项指数法评价，其指数为（　　）。（根据 GB 3838—2002，Ⅱ类水体溶解氧标准为≥6 mg/L）

A．0.75　　B．1.33　　C．1.58　　D．3.25

67．气温为 23℃时，某河段溶解氧浓度为 10 mg/L，已知该河段属于Ⅱ类水体，如采用单项指数法评价，其指数为（　　）。（根据 GB 3838—2002，Ⅱ类水体溶解氧标准为≥6 mg/L）

A．0.56　　B．1.33　　C．0.60　　D．3.25

68．某水样 pH 为 13，如采用单项指数法评价，其指数为（　　）。

A．1.86　　B．3.00　　C．3.50　　D．2.25

69．某水样 pH 为 6.5，如采用单项指数法评价，其指数为（　　）。

A．0.5　　B．0.93　　C．0.2　　D．1.08

70．建设项目需要确定生态流量时，应结合主要生态保护对象（　　）进行调查分析。

A．正常用水时段　　B．非用水时段

C．敏感用水时段　　D．不同用水时段分别

71．湖库现状调查补充监测时，其溶解氧每天监测次数为（　　）。

A．2　　B．4　　C．6　　D．12

72．某Ⅲ类水 BOD_5 实测质量浓度代表值是 4 mg/L，Ⅲ类水域的标准值是 4 mg/L，该水质因子是否达标？（　　）

A．达标　　B．不达标　　C．不一定　　D．条件不足

73．根据（　　），将地下水分为包气带水、潜水和承压水。

A．埋藏条件　　B．来源

C．受引力作用的条件　　D．含水空隙的类型

74．充满于两个隔水层之间的含水层中的重力水，称为（　　）。

A. 包气带水　　B. 潜水　　C. 承压水　　D. 岩溶水

75. 埋藏在地表以下、第一层较稳定的隔水层以上、具有自由水面的重力水，称为（　　）。

A. 包气带水　　B. 潜水　　C. 承压水　　D. 岩溶水

76. 地下水最主要的补给来源是（　　）。

A. 降水入渗补给　　B. 地表水补给

C. 人工补给　　D. 含水层补给

77.（　　）会引起地下水的矿化度比较高。

A. 泉排泄　　B. 蒸发排泄　　C. 泄流排泄　　D. 人工排泄

78. 潜水与承压水的差别在于潜水（　　）。

A. 为重力驱动　　B. 上有隔水层

C. 下有隔水层　　D. 具有自由水面

79. 对于一级、二级的改、扩建项目，应在可能造成地下水污染的主要装置或设施附近开展包气带污染现状调查，对包气带进行分层取样，一般在（　　）埋深范围内取样。

A. 0～50 cm　　B. 0～20 cm　　C. 20～50 cm　　D. 3 m

80. 在包气带厚度超过 100 m 的评价区或监测井较难布设的基岩山区，可视情况调整地下水质检测点数，一级、二级评价项目至少设置（　　）监测点。

A. 7 个　　B. 5 个　　C. 3 个　　D. 一定数量

81. 对于改、扩建项目，且特征因子为 DNAPLs（重质非水相液体）时，应至少在含水层（　　）取一个样品。

A. 地下水水位以下 1.0 m　　B. 底部

C. 地下水水位以下 20 cm　　D. 地下水水位以下 50 cm

82. 一级评价项目进行地下水现状监测时，若掌握近 3 年至少一期水质监测数据，基本水质因子可在评价期补充开展（　　）现状监测；特征因子在评价期内需至少开展（　　）现状值监测。

A. 二期，一期　　B. 一期，一期

C. 枯丰，一期　　D. 枯水期，枯水期

83. 地下水现状监测时，需在现场测定的是（　　）。

A. 氨氮　　B. 氯化物　　C. DO　　D. Ca^{2+}

84. 环境水文地质试验项目不包括（　　）。

A. 浸溶试验　　B. 渗水试验　　C. 土柱淋滤试验　　D. 弥散试验

85. 根据《环境影响评价技术导则　地下水环境》，地下水水质现状评价应采用（　　）进行评价。

A．标准指数法　B．综合指数法　C．回归分析法　D．趋势外推法

86．某声音的声压为 0.02 Pa，其声压级为（　　）dB。

A．20　B．40　C．60　D．80

87．强度为 80 dB 的噪声，其相应的声压为（　　）Pa。

A．0.1　B．0.2　C．0.4　D．20

88．测量机场噪声通常采用（　　）。

A．等效连续 A 声级　B．最大 A 声级及持续时间

C．倍频带声压级　D．计权等效连续感觉噪声级

89．统计噪声级 L_{10} 表示（　　）。

A．取样时间内 10%的时间超过的噪声级，相当于噪声平均峰值

B．取样时间内 90%的时间超过的噪声级，相当于噪声平均底值

C．取样时间内 90%的时间超过的噪声级，相当于噪声平均峰值

D．取样时间内 10%的时间超过的噪声级，相当于噪声平均底值

90．等效连续 A 声级是将某一段时间内暴露的不同 A 声级的变化用（　　）计算得到的。

A．算术平均方法　B．加权平均方法

C．几何平均方法　D．能量平均方法

91．等效连续 A 声级用符号（　　）表示。

A．L_{dn}　B．L_{WA}　C．L_{eq}　D．L_{WECPN}

92．在环境噪声评价量中符号“L_{WECPN}”表示（　　）。

A．计权声功率级　B．声功率级

C．计权等效连续感觉噪声级　D．等效连续 A 声级

93．在声场内的一定点位上，将某一段时间内连续暴露不同 A 声级变化，用能量平均的方法以 A 声级表示该段时间内的噪声大小，这个声级称为（　　）。

A．倍频带声压级　B．昼夜等效声级

C．A 声功率级　D．等效连续 A 声级

94．机场周围区域有飞机低空飞越时，其噪声环境影响的评价量为（　　）。

A．L_{dn}　B．L_{max}　C．L_{WECPN}　D．L_{eq}

95．某建设所在区域声环境功能区为 1 类，昼间环境噪声限值为 55 dB（A），夜间环境噪声限值为 45 dB（A），则该区域夜间突发噪声的评价量为（　　）dB（A）。

A．≤45　B．≤55　C．≤50　D．≤60

96．在什么情况下，评价范围内可选择有代表性的区域布设测点？（　　）

A．没有明显的声源，且声级较低时

B．有明显的声源，对敏感目标的声环境质量影响不明显时

C．有明显的声源，对敏感目标的声环境质量影响明显时

D．没有明显的声源，且声级较高时

97．声环境监测布点时，当敏感目标（　　）时，应选取有代表性的不同楼层设置测点。

A．高于（不含）三层建筑　　B．高于（含）三层建筑

C．高于（含）二层建筑　　D．高于（含）四层建筑

98．声环境现状监测布点应（　　）评价范围。

A．大于　　B．小于　　C．覆盖　　D．略大于

99．对于改、扩建机场工程，声环境现状监测点一般布设在（　　）处。

A．机场场界　　B．机场跑道

C．机场航迹线　　D．主要敏感目标

100．对于单条跑道改、扩建机场工程，测点数量可分别布设（　　）个飞机噪声测点。

A．1～2　　B．3～9　　C．9～14　　D．12～18

101．对于两条跑道改、扩建机场工程，测点数量可分别布设（　　）个飞机噪声测点。

A．1～3　　B．9～14　　C．12～18　　D．3～9

102．对于三条跑道改、扩建机场工程，测点数量可分别布设（　　）个飞机噪声测点。

A．1～4　　B．9～14　　C．3～9　　D．12～18

103．现有车间的噪声现状调查，重点为处于（　　）dB（A）以上的噪声源分布及声级分析。

A．80　　B．85　　C．90　　D．75

104．厂区内噪声水平调查一般采用（　　）。

A．极坐标法　　B．功能区法　　C．网格法　　D．等声级线法

105．厂区噪声水平调查测量点布置在厂界外（　　）m 处，间隔可以为 50～100 m，大型项目也可以取 100～300 m。

A．3　　B．2　　C．1　　D．0.5

106．公路、铁路等线路型工程，其噪声现状水平调查应重点关注（　　）。

A．沿线的环境噪声敏感目标　　B．城镇的环境噪声敏感目标

C．施工期声源　　D．乡村的环境噪声敏感目标

107．公路、铁路等线路型工程，其环境噪声现状水平调查一般测量（　　）。

A．A 计权声功率级　　B．声功率级

C．等效连续感觉噪声级　　D．等效连续 A 声级

108．根据《环境影响评价技术导则　生态影响》，当涉及区域范围较大或主导生态因子的空间等级尺度较大，通过人力踏勘较为困难或难以完成评价时，生态现状调查可采用（　　）。

A．生态监测法　B．现场勘查法　C．遥感调查法　D．资料收集法

109．根据《环境影响评价技术导则　生态影响》，当项目可能产生潜在的或长期累积效应时，生态现状调查可考虑选用（　　）。

A．生态监测法　B．现场勘查法　C．遥感调查法　D．资料收集法

110．解决生态调查和评价中高度专业化的问题和疑难问题，最好采用（　　）法。

A．定位或半定位观测　B．遥感技术

C．访问专家　D．野外调查

111．对掌握候鸟迁徙的规律、变化，在下列生态调查方法中最好采用（　　）法。

A．野外调查　B．遥感技术

C．访问专家　D．定位或半定位观测

112．某区域植物样本调查中，某一植物个体数量占样地面积的比例，可以说明该植物的（　　）。

A．数量　B．优势度　C．频度　D．密度

113．一个样本的样地数占样地总数的比值是（　　）。

A．频度　B．密度　C．优势度　D．盖度

114．用放射性追踪法对植物夜间的光合作用进行追踪，一般选用（　　）元素。

A．^{2}O　B．^{2}H　C．^{2}N　D．^{14}C

115．反映地面生态学特征的植被指数 NDVI 是指（　　）。

A．比值植被指数　B．农业植被指数

C．归一化差异植被指数　D．多时相植被指数

116．植被现状调查时，一般草本、灌木林、乔木林样方面积正确的分别为（　　）。

A．1 m×1 m、5 m×5 m、50 m×50 m　B. 1 m×1 m、10 m×10 m、50 m×50 m

C. 1 m×1 m、10 m×10 m、20 m×20 m　D．1 m×1 m、5 m×5 m、10 m×10 m

117．某个植被样方调查面积为 10 m^2，调查结果如下表。样方中物种乙的密度、相对密度分别为（　　）。

物种	个体数	覆盖面积/m^2
甲	2	2
乙	2	3
丙	1	1

A. 0.2 个/m^2、40%　　B. 0.2 个/m^2、50%
C. 0.3 个/m^2、40%　　D. 0.3 个/m^2、50%

118. 两栖爬行类应选择在（　　）进行调查，宜以（　　）为频度展开观察，持续至（　　）结束。

A. 生长季节，天，生长季节　　B. 繁殖季节，天，繁殖季节
C. 生长季节，月，繁殖季节　　D. 生长季节，天，繁殖季节

119. 如果某地生物生产量为 2.6 t/（hm^2·a），其荒漠化程度属于（　　）。

A. 潜在的荒漠化　　B. 正在发展的荒漠化
C. 强烈发展的荒漠化　　D. 严重荒漠化

120. 高度在（　　）m 以上的广阔树冠的木本植物为乔木。

A. 3　　B. 6　　C. 2　　D. 5

121. 在进行某地块样方调查是，一般面积为 50～500 hm^2 样方数量应设（　　）个，面积大于 500 hm^2 的每增（　　）hm^2 增设一个，但总样方数最多控制在（　　）个以内。

A. 2，50，10　　B. 5，100，10
C. 3 ，50，10　　D. 5，50，10

122. 植被中物种的重要值的表示方法是（　　）。

A. 相对密度、相对优势度和相对频度之和　　B. 优势度
C. 密度、优势度和频度之和　　D. 相对优势度和相对频度之和

123. 陆地生态系统生产能力的估测是通过对自然植被（　　）的估测来完成。

A. 净第一性生产力　　B. 总初级生产量
C. 净初级生产量　　D. 呼吸量

124. 陆地生态系统中平均净生产力最大的是（　　）。

A. 农田　　B. 热带雨林　　C. 沼泽　　D. 热带季雨林

125. 一定地段面积内某个时期生存着的活动有机体的重量是指（　　）。

A. 物种量　　B. 生长量　　C. 生物生产力　　D. 生物量

126. 在植物样方调查时，首先要确定样方面积大小，对于森林而言，其样方面积不应小于（　　）m^2。

A. 1　　B. 10　　C. 400　　D. 1 000

127. 采用样地调查收割法实测植物生物量时，草本群落或森林草本层样地面积一般选用（　　）m^2。

A. 1　　B. 10　　C. 100　　D. 500

128. 香农-威纳指数（Shannon-Weiner Index）是物种多样性调查最常用的方法，其计算公式为（　　）（注：P_i 为属于第 i 物种在全部采样中的比例；S 是物种数；N

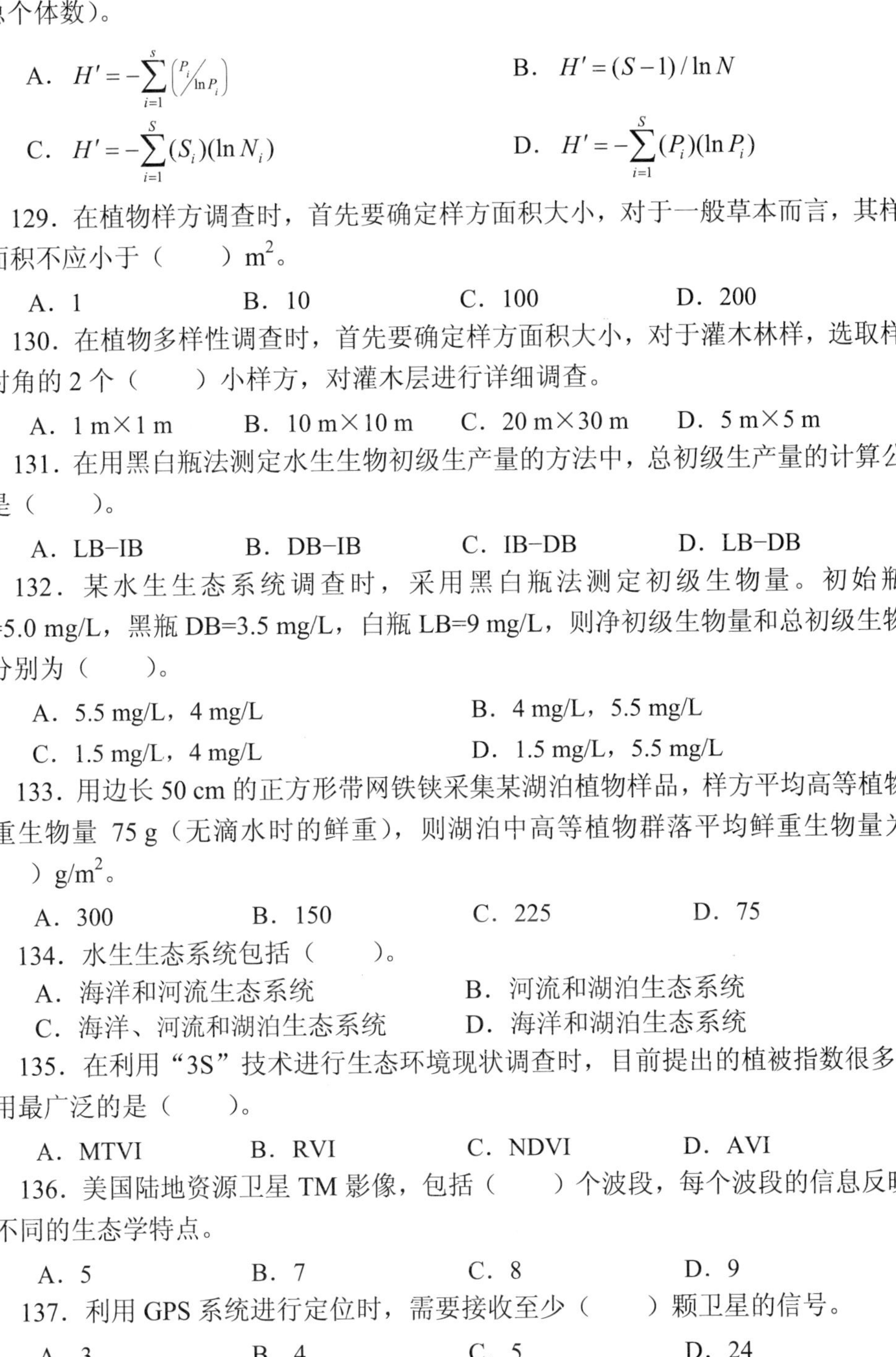

是总个体数）。

A. $H' = -\sum_{i=1}^{s}\left(P_i / \ln P_i\right)$　　B. $H' = (S-1)/\ln N$

C. $H' = -\sum_{i=1}^{S}(S_i)(\ln N_i)$　　D. $H' = -\sum_{i=1}^{S}(P_i)(\ln P_i)$

129. 在植物样方调查时，首先要确定样方面积大小，对于一般草本而言，其样方面积不应小于（　　）m^2。

A. 1　　B. 10　　C. 100　　D. 200

130. 在植物多样性调查时，首先要确定样方面积大小，对于灌木林样，选取样方对角的 2 个（　　）小样方，对灌木层进行详细调查。

A. 1 m×1 m　　B. 10 m×10 m　　C. 20 m×30 m　　D. 5 m×5 m

131. 在用黑白瓶法测定水生生物初级生产量的方法中，总初级生产量的计算公式是（　　）。

A. LB−IB　　B. DB−IB　　C. IB−DB　　D. LB−DB

132. 某水生生态系统调查时，采用黑白瓶法测定初级生物量。初始瓶 IB=5.0 mg/L，黑瓶 DB=3.5 mg/L，白瓶 LB=9 mg/L，则净初级生物量和总初级生物量分别为（　　）。

A. 5.5 mg/L，4 mg/L　　B. 4 mg/L，5.5 mg/L

C. 1.5 mg/L，4 mg/L　　D. 1.5 mg/L，5.5 mg/L

133. 用边长 50 cm 的正方形带网铁铗采集某湖泊植物样品，样方平均高等植物鲜重生物量 75 g（无滴水时的鲜重），则湖泊中高等植物群落平均鲜重生物量为（　　）g/m^2。

A. 300　　B. 150　　C. 225　　D. 75

134. 水生生态系统包括（　　）。

A. 海洋和河流生态系统　　B. 河流和湖泊生态系统

C. 海洋、河流和湖泊生态系统　　D. 海洋和湖泊生态系统

135. 在利用“3S”技术进行生态环境现状调查时，目前提出的植被指数很多，应用最广泛的是（　　）。

A. MTVI　　B. RVI　　C. NDVI　　D. AVI

136. 美国陆地资源卫星 TM 影像，包括（　　）个波段，每个波段的信息反映了不同的生态学特点。

A. 5　　B. 7　　C. 8　　D. 9

137. 利用 GPS 系统进行定位时，需要接收至少（　　）颗卫星的信号。

A. 3　　B. 4　　C. 5　　D. 24

138. GPS 系统的卫星星座子系统，由（　　）颗卫星组成。

A. 10　　B. 21　　C. 24　　D. 36

139. 遥感可为生态环境现状调查提供大量的信息，通过卫星影响不同波段信息组合形成各种类型的植被指数，较好地反映某些地面生态学特征，以下哪种指数常被用于进行区域和全球的植被状况研究？（　　）

A. 比值植被指数 RVI　　B. 农业植被指数 AVI
C. 归一化差异植被指数 NDVI　　D. 多时相植被指数 MTVI

140.（　　）基于景观是高于生态系统的自然系统，是一个清晰的和可度量的单位。

A. 空间结构分析　　B. 景观模地分析
C. 景观廊道分析　　D. 功能与稳定性分析

141. 根据《环境影响评价技术导则　土壤环境（试行）》，工业园区内的建设项目，应重点在建设项目占地范围内开展现状调查工作，并兼顾其（　　）。

A. 可能影响的占地范围外围土壤环境敏感目标
B. 可能影响的周边企业
C. 可能影响的土壤
D. 可能影响的园区外围土壤环境敏感目标

142. 尾矿库项目的土壤环境现状监测，应结合地形地貌，在占地范围外的（　　）各设置 1 个表层样监测点。

A. 上、下游　　B. 下游
C. 上、下游及两侧　　D. 上、下游及重点污染风险源处

143. 线性工程土壤现状监测，应重点在（　　）设置监测点。

A. 工程边界两侧向外延伸 0.2 km　　B. 站场位置
C. 评价范围内　　D. 工程沿线有代表性的保护目标

144. 对生态影响型建设项目，土壤环境二级评价现状监测应设置（　　）个表层样点。

A. 5　　B. 3　　C. 2　　D. 1

145. 以下不属于土壤理化特性调查内容的是（　　）。

A. 阳离子交换量　　B. 氧化还原电位
C. 土壤含水率　　D. 孔隙度

146. 土壤环境影响评价等级为（　　）的建设项目应填写土壤剖面调查表。

A. 一级　　B. 一级、二级　　C. 二级　　D. 三级

147. 关于氧化还原电位，以下说法错误的是（　　）。

A. 氧化还原电位是长期惯用的氧化还原指标

B. 可以被理解为物质提供或接受电子的趋向或能力

C. 物质接受电子的强烈趋势意味着高氧化还原电位

D. 提供电子的强烈趋势则意味着高氧化还原电位

148. 建设项目位于半干旱地区，经检测土壤含盐量为 1.5 g/kg，则可判断出该土壤盐化程度为（　　）。

A. 未盐化　　B. 轻度盐化　　C. 中度盐化　　D. 重度盐化

149.（　　）建设项目应给出土壤盐化、酸化、碱化的现状。

A. 生态影响型　　B. 污染影响型

C. 生态影响型及污染影响型　　D. 土壤一级评价

150. 经检测土壤 pH 为 4.5，则可判断出该土壤属于（　　）。

A. 极重度酸化　　B. 重度酸化　　C. 中度酸化　　D. 轻度盐化

151. 暴露途径，指建设用地土壤中污染物迁移到达和暴露于人体的方式，以下不属于主要暴露途径的是（　　）。

A. 吸入室内空气中来自上层土壤的气态污染物

B. 吸入室外空气中来自表层土壤的气态污染物

C. 皮肤接触土壤　　D. 吸入土壤颗粒物

152. 土壤污染是指（　　），引起土壤化学、物理、生物等方面特性的改变，影响土壤功能和有效利用，危害公众健康或者破坏生态环境的现象。

A. 因自然、人为因素导致某种物质进入陆地表层土壤

B. 因人为因素导致某种物质进入陆地表层土壤

C. 因人为因素导致有毒物质进入陆地表层土壤

D. 因自然、人为因素导致有毒物质进入陆地表层土壤

153. 根据《环境影响评价技术导则　土壤环境（试行）》，以下不属于土壤环境生态影响重点的是（　　）。

A. 盐化　　B. 潜育化　　C. 酸化　　D. 碱化

154. 对于土壤环境影响评价，涉及两个地区的建设项目，应（　　）开展评价工作。

A. 对整个区域　　B. 同时　　C. 分别　　D. 对影响较大的地区

155. 土壤潜育化指的是（　　）。

A. 土壤处于饱和、过饱和地下水的长期浸润状态下，在 1 m 内的土体中某些层段 Eh<200 mV，并出现 Fe、Mn 还原而生成灰色斑纹层或腐泥层或青泥层或泥炭层的土壤形成过程

B. 土壤长期处于地下水浸泡下，土壤剖面中下部某些层次发生 Fe、Mn 还原而生成青灰色斑纹层或青泥层（也称潜育层），或有机质层转化为腐泥层或泥

炭层的现象或过程

C．在干、湿交替的条件下，土壤 Fe、Mn 经氧化还原作用而发生的淋溶、淀积过程

D．气候变异和人类活动在内的种种因素造成的干旱、半干旱和亚湿润干旱地区的土地退化

156．经调查，某建设项目所在地土壤中，砂粒成分=60%、细黏土成分=20%，该调查结果说明了土壤的理化性质是（　　）。

A．土壤质地　　B．土壤结构　　C．土体构型　　D．土壤容重

157．氧化还原电位用（　　）表示。

A．pE　　B．CEC　　C．AEC　　D．Eh

158．（　　）是土壤固相部分的重要组成成分，对土壤形成、土壤肥力、环境保护及农林业可持续发展等方面都有着极其重要的作用和意义。

A．矿物质　　B．生物有机体　　C．水　　D．有机质

159．改、扩建的污染影响型建设项目，其评价工作等级为（　　）的，应对现有工程的土壤环境保护措施情况进行调查。

A．一级　　B．一级、二级

C．二级　　D．一级、二级、三级

160．关于土壤环境现状调查影响源调查，应调查与建设项目产生（　　）或造成相同土壤环境影响后果的影响源。

A．同种特征因子　　B．同种因子

C．同种基本因子　　D．类似特征因子

161．（　　）土壤污染风险筛选值与 pH 值密切相关。

A．乡村住宅用地　　B．旅游用地

C．果园　　D．交通水利设施用地

162．根据土壤结构体的大小、形状以及与土壤肥力的关系，可以把土壤结构体划分为（　　）种。

A．3　　B．4　　C．5　　D．6

163．进行建设项目土壤环境现状监测时，涉及大气沉降影响的，可（　　）。

A．在最大落地浓度点增设表层样监测点

B．在最大落地浓度点增设表层样、柱状样监测点

C．主导风向上风向设置 2 个表层样监测点

D．主导风向下风向设置 1 个柱状样监测点

164．对土壤环境污染影响型建设项目进行土壤环境现状监测，评价工作等级为三级时，应在占地范围内设置（　　）。

A. 1 个表层样点　　B. 3 个柱状样点
C. 2 个表层样点　　D. 3 个表层样点

二、不定项选择题（每题的备选项中至少有一个符合题意）

1. 自然环境调查时，下列属于地质状况的是（　　）。

A. 坍塌　　B. 断层　　C. 岩溶地貌　　D. 行政区位置

2. 下列属于大气环境一级评价项目环境空气质量现状调查内容和目的的有（　　）。

A. 计算环境空气保护目标环境质量现状浓度
B. 项目所在区域污染物环境质量现状
C. 评价所在区域环境质量达标情况
D. 计算网格点的环境质量现状浓度

3. 下列属于大气环境二级评价项目环境空气质量现状调查目的的有（　　）。

A. 计算环境空气保护目标环境质量现状浓度
B. 项目所在区域污染物环境质量现状
C. 评价所在区域环境质量达标情况
D. 计算网格点的环境质量现状浓度

4. 补充监测布点以近 20 年统计的当地主导风向为轴向，在（　　）及主导风向（　　）范围内设置 1～2 个监测点。

A. 上风向，下风向　　B. 厂址，下风向 5 km
C. 厂址，下风向 2.5 km　　D. 上风向，下风向 2.5 km

5. 某项目大气环境影响评价环境空气现状调查补充监测，下面关于补充监测说法正确的有（　　）。

A. 选择污染较重的季节进行现状监测
B. 补充监测至少取得 7 天有效数据
C. 以监测季节主导风向为轴向，在厂址及下风向布点
D. 各级评价监测点位数不少于 6 个

6. 城市环境空气质量达标情况评价指标有（　　）。

A. SO_2　　B. NO_2　　C. CO　　D. O_3

7. 对于其他污染物环境质量现状数据，符合要求的有（　　）。

A. 国家或地方环境空气质量监测网中评价基准年连续 1 年的监测数据
B. 评价范围内近 3 年与项目排放的其他污染物有关的历史监测资料
C. 国家或地方环境空气质量监测网中评价基准年连续 1 季度的监测数据
D. 评价范围内近 5 年与项目排放的其他污染物有关的历史监测资料

8. 对于编制报告书的工业项目的一级评价项目，污染源调查时包括（　　）项目。

A．评价范围内与评价项目排放污染物有关的其他在建项目污染源
B．受本项目物料及产品运输影响新增的交通运输移动源
C．本项目污染源
D．已批复环境影响评价文件的拟建项目

9．污染源监测数据应采用（ ）工况下的监测数据。
A．满负荷 B．换算至满负荷 C．80%负荷 D．实际

10．某大气环境一级评价的新建项目，大气评价范围内有其他改建项目，其污染源调查时，该改建项目数据来源获得途径有（ ）。
A．项目监督性监测数据 B．在线监测数据
C．自主验收报告 D．排污许可证数据

11．某项目为大气二级评价，下列属于污染源调查内容的有（ ）。
A．项目现有污染源 B．新增污染源
C．拟替代污染源 D．评价范围内在建项目污染源

12．新建项目的污染源调查依据有（ ）。
A．《排污许可证申请与核发技术规范 总纲》
B．各污染源源强核算技术指南
C．《建设项目环境影响评价技术导则 总纲》
D．《环境空气质量评价技术规范（试行）》

13．利用估算模型进行预测时，可取的最小风速有（ ）m/s。
A．0.4 B．1 C．0.5 D．0

14．下列属于大气环境现状调查时火炬源调查内容的有（ ）。
A．火炬底部中心坐标 B．火炬等效内径
C．火炬等效高度 D．火炬等效烟气排放速度

15．下列属于大气污染源调查点源调查内容的有（ ）。
A．垂直扩散参数 B．烟气流速
C．排气筒几何高度 D．出口烟气温度

16．某新建城市主干路项目，大气一级评价，下列属于其污染源调查内容有（ ）。
A．横向扩散参数 B．道路交通流量
C．污染物排放量 D．平均车速

17．下列属于大气环境现状调查时机场源调查内容的有（ ）。
A．面源起点坐标 B．飞行阶段
C．面源长度 D．有效排放高度

18．使用 CALPUFF 进行大气预测时，要素至少包括一天早晚两次不同等压面

上的（　　）。

A．气压　　B．干球温度　　C．风速　　D．湿球温度

19．关于风向玫瑰图，应包括的内容有（　　）。

A．绘制各季风向玫瑰图

B．静风频率单独统计

C．绘制年平均风速玫瑰图

D．在极坐标中按各风向标出其频率的大小

E．应同时附当地气象台站 20 年以上气候统计资料的统计结果

20．对风玫瑰图下列说法正确的是（　　）。

A．图中矢径长度代表风向频率　　B．风玫瑰图随高度而改变

C．风玫瑰图随高度不变　　D．一般为地面 10 m 处的风玫瑰图

21．风向玫瑰图可以表示下列（　　）参数。

A．静风率　　B．风向频率　　C．主导风向　　D．风速

22．利用 AERMOD 模型进行大气预测时，地面气象数据要素至少应包括（　　）。

A．风速　　B．风向　　C．低云量　　D．干球温度

23．地表水环境影响二级评价项目，区域水污染源调查的必须包括的内容有（　　）。

A．收集利用已建项目的排污许可证登记数据

B．收集利用已建项目的环保验收数据

C．收集利用已建项目的既有实测数据

D．辅以现场调查及现场监测

24．拟在某河流上建设水电站项目，则该项目地表水环境影响评价因子有（　　）。

A．水温　　B．径流过程

C．水力停留时间　　D．冲淤变化

25．对于水污染影响型建设项目，下列情况中评价等级应不低于二级的有（　　）。

A．建设项目直接排放的废水中含总磷，但受纳水体中总磷超标

B．直接排放受纳水体影响范围涉及饮用水水源保护区

C．建设项目利用海水作为调节温度介质

D．建设项目产生的工艺废水经处理后回用于生产

26．对于水文要素影响型建设项目，下列情况中评价等级应不低于二级的有（　　）。

A．在一类海域建设的项目

B．影响范围涉及自然保护区

C．引水式电站项目

D．造成入海河口宽度束窄（束窄尺度达到原宽度的 8%）

27．某水文要素影响型建设项目对珠江下游产生影响，则该项目主要评价因子涉及（　　）。

A．纳潮量　　B．径流过程　　C．流速
D．潮流界　　E．水面宽

28．某建设项目排放的污水影响到附近的入海河口，其地表水评价等级为二级，则该项目的评价时期一般应包括（　　）。

A．丰水期　　B．春季　　C．枯水期　　D．秋季

29．某新建化工项目产生的废水经处理后排入附近河流，以下关于其地表水环境现状调查范围的说法正确的是（　　）。

A．覆盖评价范围
B．在不受回水影响的河流段，排放口上游调查范围宜不小于 500 m
C．受回水影响河段的上游调查范围原则上小于下游调查的河段长度
D．调查半径在评价范围基础上外延 20%～50%

30．不对入河排放口汇水区域的污染源开展调查的必要条件是（　　）。

A．具有地方发布的入河排放口数据
B．具有已审批入河排放口的主要污染物种类及其排放浓度
C．具有已审批入河排放口的主要污染物总量数据
D．已建项目具有排污许可证登记数据

31．水力停留时间是（　　）水文调查应获取的重要参数。

A．河流　　B．水库　　C．海湾　　D．湖泊

32．对于地表水环境现状调查补充监测，开展水质补充监测的断面应重点考虑（　　）。

A．常规监测断面　　B．对照断面
C．控制断面　　D．环境保护目标所在水域

33．某水污染影响型项目，其废水直接排放至湖泊，排放量为 100 m^3/d，水污染物最大当量数 1 000，关于该项目的地表水环境影响评价工作，以下说法正确的是（　　）。

A．影响范围涉及水环境保护目标的，评价范围至少应扩大到水环境保护目标内受到影响的水域
B．至少评价一个季节
C．面污染源调查可不进行实测
D．可定性预测水环境影响

34．下列选项中属于地表水环境现状评价底泥污染评价内容的是（　　）。

A. 评价污染项目及程度
B. 分析不利条件下达标问题
C. 识别超标因子
D. 分析时空变化特征

35. 根据底泥（　　）布设底泥污染调查与评价的监测点位。

A. 分布区域　B. 扰动区域　C. 扰动深度
D. 扰动时间　E. 分布深度

36. 地表水环境现状调查阶段，无法获得临近水文站资料或资料不足时，宜同步进行（　　）。

A. 水文调查　B. 水文测量　C. 水质调查　D. 补充监测

37. 入海河口的水文调查除与河流相同的内容外，还有（　　）。

A. 感潮河段的范围
B. 横断面的形状与水面坡度
C. 河潮间隙、潮差和历时
D. 水温分层情况
E. 涨潮、落潮及平潮时的水位、水深

38. 地表水环境现状调查因子的确定与（　　）有关。

A. 评价范围水环境质量管理要求
B. 预测评价要求
C. 评价等级
D. 调查因子应与评价因子相同

39.（　　）属于地表水面污染源。

A. 农村生活污染源
B. 城镇地面径流污染源
C. 集中式畜禽养殖污染源
D. 堆积物污染源
E. 大气沉降源

40. 地表水环境现状调查方法包括（　　）。

A. 资料收集　B. 现场监测　C. 无人机遥感遥测
D. 卫星遥感遥测　E. 类比调查

41. 按照裂隙成因，可分成（　　）。

A. 岩裂隙　B. 构造裂隙　C. 剪切裂隙
D. 闭合裂隙　E. 风化裂隙

42. 按地下水的埋藏条件，可分为（　　）。

A. 孔隙水　B. 包气带水　C. 潜水
D. 承压水　E. 岩溶水

43. 地下水的补给来源有（　　）。

A. 大气降水　B. 地表水　C. 凝结水
D. 其他含水层的水　E. 蒸发水

44. 地下水的渗透系数与（　　）因素有关。

A. 孔隙类型　B. 孔隙大小　C. 降水量
D. 水的动力黏滞系数　E. 给水度

45. 承压水具有以下特征（　　）。

A. 隔水层不连续　　B. 承压区含水层充满水

C. 含水层顶部承受大气压强以外的附加压强　　D. 隔水顶板

46. 属于包气带水的类型有（　　）。

A. 土壤水　　B. 沼泽水　　C. 上层滞水　　D. 岩溶水

47. 下列（　　）属潜水特征。

A. 上面不存在完整的隔水层　　B. 具有自由水面

C. 潜水面随时间变化而变化　　D. 潜水水质易受污染

48. 地下水的补给按来源的不同可分为（　　）。

A. 降水入渗补给　　B. 地表水补给

C. 凝结水补给　　D. 含水层补给

E. 人工补给

49. 地下水两个含水层之间的补给需要（　　）。

A. 降水量充足　　B. 两个含水层具有水头差

C. 含水层附近有地表水体　　D. 含水层之间具有水力联系通道

50. 地下水两个含水层之间可以通过（　　）补给。

A. 天窗　　B. 导水断裂

C. 弱透水层越流　　D. 不整合接触面

51. 下列关于地下水的径流强度，说法正确的有（　　）。

A. 径流强度与含水层的透水性成正比

B. 径流强度与补水区和排泄区之间的水力坡度成正比

C. 承压水的径流强度与蓄水构造的开启及封闭程度有关

D. 地下径流强度在垂直方向上，从地表向下逐渐减弱

52. 地下水的排泄，有（　　）。

A. 泉排泄　　B. 蒸发排泄　　C. 泄流排泄

D. 人工排泄　　E. 向含水层排泄

53. 一般从地下水等水位线图中可获取的信息有（　　）。

A. 地下水流向　　B. 潜水与地表水的关系

C. 潜水的埋藏深度　　D. 泉或沼泽的位置

E. 富水带的位置

54. 一般从水文地质柱状图中可获取的信息有（　　）。

A. 潜水水位　　B. 含水层厚度

C. 包气带岩性　　D. 含水层之间的补给关系

55. 岩土对污染物的机械过滤作用主要取决于（　　）。

A．岩土层厚度　　B．岩土的孔隙直径
C．岩土颗粒的粒径和排列　　D．污染物颗粒的粒径

56．反映包气带防护性能的参数包括包气带（　　）。

A．岩性　　B．厚度　　C．渗透性　　D．贮水系数

57．地下水水质现状调查应了解和查明地下水中（　　）。

A．过高或过低物质的时空分布　　B．主要污染物及其分布特征
C．过高或过低物质的成分、含量　　D．过高或过低物质的形成原因

58．地下水水质现状调查的方法有（　　）。

A．勘探试验　　B．搜集利用现有资料
C．现场调查　　D．物料衡算法

59．地下水水文地质试验方法有（　　）。

A．抽水试验　　B．注水试验　　C．渗水试验
D．土柱淋滤试验　　E．浸溶试验

60．包气带防污染性能与（　　）因素有关。

A．包气带的地质条件　　B．包气带的水文地质条件
C．污染物特性　　D．包气带与承压水的关系

61．根据《环境影响评价技术导则　地下水环境》，环境水文地质勘查与试验是在充分收集已有相关资料和地下水环境现状调查的基础上，针对（　　）而进行的工作。

A．为了获取包气带的物理属性
B．进一步查明地下水含水层特征
C．为获取预测评价中必要的水文地质参数
D．为获取现状评价中必要的水文地质参数

62．根据《环境影响评价技术导则　地下水环境》，关于环境水文地质勘查的说法，正确的是（　　）。

A．一级评价应进行环境水文地质勘查与试验
B．环境水文地质条件复杂而又缺少资料的地区，二级评价应在区域水文地质调查的基础上对评价区进行必要的水文地质勘查
C．环境水文地质条件复杂而又缺少资料的地区，三级评价应在区域水文地质调查的基础上对评价区进行必要的水文地质勘查
D．环境水文地质勘查可采用钻探、物探和水土化学分析以及室内外测试、试验等手段

63．污染场地修复工程中，对于地下水监测点布设应遵循（　　）。

A．采样深度应在井水面下 1 m 以下

B．采样深度应在井水面下 0.5 m 以下

C．低密度非水溶性有机物污染的，应设在含水层顶部

D．高密度非水溶性有机物污染的，应设在含水层顶部

64．根据《环境影响评价技术导则　地下水环境》，根据地下水现状监测结果应进行（　　）的分析。

A．标准差　　　　B．最大值、最小值、均值

C．检出率　　　　D．超标率、超标倍数

66．某建设所在区域声环境功能区为 1 类，昼间环境噪声限值为 55 dB（A），夜间环境噪声限值为 45 dB（A），则该区域声环境功能区的环境质量评价量为（　　）。

A．昼间等效声级（L_d）≤55 dB（A）

B．夜间等效声级（L_n）≤45 dB（A）

C．昼间突发噪声的评价量≤70 dB（A）

D．夜间突发噪声的评价量≤60 dB（A）

67．下列关于声环境现状监测的布点原则，说法正确的有（　　）。

A．布点应覆盖整个评价范围，仅包括厂界（或场界、边界）

B．当敏感目标高于（含）三层建筑时，应选取有代表性的不同楼层设置测点

C．评价范围内没有明显的声源，且声级较低时，可选择有代表性的区域布设测点

D．评价范围内有明显的声源，并对敏感目标的声环境质量有影响，应根据声源种类采取不同的监测布点原则

68．当声源为流动声源，且呈现线声源特点时，现状测点位置选取应兼顾（　　），布设在具有代表性的敏感目标处。

A．工程特点　　　　B．敏感目标的分布状况

C．线声源噪声影响随距离衰减的特点　　　　D．敏感目标的规模

69．当声源为固定声源时，现状测点应重点布设在（　　）。

A．可能既受到现有声源影响，又受到建设项目声源影响的敏感目标处

B．建设项目声源影响敏感目标

C．现有声源影响敏感目标处

D．有代表性的敏感目标处

70．下列关于声环境现状监测的布点原则，说法正确的有（　　）。

A．评价范围内没有明显的声源，但声级较高，可选择有代表性的区域布设测点

B．对于流动声源，为满足预测需要，可选取若干线声源的垂线，在垂线上距声源不同距离处布设监测点

C．当敏感目标高于（含）二层建筑时，还应选取有代表性的不同楼层设置测点

D．对于固定声源，为满足预测需要，可在距离现有声源不同距离处设衰减测点

71．下列关于工矿企业建设项目声环境现状调查的方法及要点的说法，正确的有（　　）。

A．厂区内噪声水平调查一般采用极坐标法

B．厂区内噪声水平调查一般采用网格法，每间隔 10～50 m 划分长方形网格

C．大型厂区内噪声水平调查采用每间隔 50～100 m 划分正方形网格法

D．采用网格法调查时，在交叉点（或中心点）布点测量

72．下列关于公路、铁路环境噪声现状水平调查的说法，正确的有（　　）。

A．调查评价范围内敏感目标在沿线的分布和建筑情况以及执行的声环境标准

B．重点关注沿线的环境噪声敏感目标

C．若沿线敏感目标较多时，应分路段测量环境噪声背景值

D．若存在现有噪声源，应调查其分布状况和对周围敏感目标影响的范围和程度

73．下列关于声环境现状评价的方法，说法正确的有（　　）。

A．声环境现状评价主要是声环境质量现状评价

B．评价不同声功能区内各敏感目标的超标、达标情况。

C．评价结果应当用表格和图示来表达清楚

D．公路、铁路项目需要绘制现状等声级图

74．下列（　　）属生态现状调查方法。

A．生态监测法　　B．现场勘察法　　C．遥感调查法

D．资料收集法　　E．专家和公众咨询法

75．关于生态现状调查方法，下列说法正确的是（　　）。

A．使用资料收集法时，应保证资料的现时性，引用资料必须建立在现场校验的基础上

B．专家和公众咨询可以与资料收集和现场勘查不同步开展

C．对于生态系统生产力的调查，必要时需现场采样、实验室测定

D．遥感调查过程中没有必要辅助现场勘查工作

76．利用资料收集法进行生态现状调查时，可以从下列方面进行资料收集（　　）。

A．可以从农、林、牧、渔和环境保护部门收集资料

B．可以从环境影响报告书、有关污染源调查报告中收集资料

C．可以从生态保护规划、生态功能区划中收集资料

D．可以从植物志、动物志、地方志中收集资料

77．鱼类现状调查的方法一般有（　　）。

A．网捕法　　B．生产力分析法

C．市场调查法　　D．遥感法

78．植被中物种的重要值取决于物种的（　）。

A．相对密度　　B．相对优势度

C．相对盖度　　D．相对频度

79．以下属于陆生动物中两栖爬行类五种调查方法有的（　）。

A．全部计数法　　B．鸣声计数法

C．红外相机陷阱法　　D．访问调查法

80．在植物样方调查时，以下必须调查的指标是（　）。

A．经济价值　　B．生物量　　C．覆盖度

D．密度　　E．抗病虫性

81．野生植物物种资源调查方法包括（　）。

A．遥感法　　B．样方法　　C．样线（带）法

D．全查法　　E．访谈及市场调查法

82．采用样地调查收割法测定草地生产力时，应调查（　）。

A．地上部分生产量　　B．地下部分生产量　　C．种子产量

D．枯死凋落量　　E．被动物采食量

83．样地调查收割法的局限性在于不能计算（　）。

A．草食性动物所吃掉的物质

B．绿色植物自身代谢所耗费的物质

C．绿色植物自身生长、发育所耗费的物质

D．绿色植物当时有机物质的数量

84．景观生态学主要适用于以下项目（　）。

A．园区道路　　B．大型水利工程　　C．煤矿采掘

D．化工项目　　E．高速公路

85．景观生态学方法对景观的功能和稳定性分析包括（　）。

A．生物恢复力分析　　B．异质性分析

C．景观组织的开放性分析　　D．稳定性分析

E．种群源的持久性和可达性分析

86．在陆生动物鸟类多样性调查时，调查方法可采用（　）。

A．样线（带）调查法　　B．分区直数法　　C．系统分析法

D．红外相机陷阱法　　E．生态图法

87．水生生态调查初级生产力测定方法有（　）。

A．氧气测定法　　B．原子吸收光谱测定法

C．CO_2测定法　　D．叶绿素测定法

E．放射性标记物测定法

88．建设项目的水生生态环境调查，一般应包括（　　）。

A．水质　B．水温　C．CO_2浓度　D．水生生物群落　E．水文

89．下列（　　）是地理信息系统所特有的功能。

A．缓冲分析　B．空间数据分析　C．属性分析　D．路径分析

90．下列信息可以通过遥感技术得到的是（　　）。

A．土地利用类型及其面积　B．水文资料　C．地形

D．生物量分布　E．地面水体植被类型及分布

91．景观生态学对生态环境质量状况的评判是通过（　　）进行的。

A．空间结构分析　B．物种量分析

C．生物生产力分析　D．功能与稳定性分析

92．景观的功能和稳定性分析包括下列哪些方面的内容？（　　）

A．景观组织的开放性分析　B．种群源的持久性和可达性分析

C．景观组织的空间结构分析　D．异质性分析

E．生物恢复力分析

93．根据建设项目特点、可能产生的环境影响和当地环境特征，有针对性收集调查评价范围内的相关土壤资料，主要包括（　　）。

A．土地利用现状图、土地利用规划图、土壤类型分布图

B．气象资料、地形地貌特征资料

C．土地利用历史情况

D．与建设项目土壤环境影响评价相关的其他资料

E．水文及水文地质资料

94．调查评价范围内的每种土壤类型应至少设置 1 个表层样监测点，应尽量设置在（　　）。

A．未受人为污染的区域　B．相对未受人为污染的区域

C．已受人为污染的区域　D．已受严重污染的区域

95．生态影响型建设项目土壤环境现状监测点布设应根据建设项目（　　）确定。

A．土壤环境影响类型　B．评价工作等级

C．土地利用类型　D．建设项目所在地的地形特征

E．地面径流方向

96．下列关于土壤环境现状监测点数量的要求，说法正确的有（　　）。

A．生态影响型建设项目可优化调整占地范围内、外监测点数量，保持总数不变

B．生态影响型建设项目占地范围超过 5 000 hm^2 的，每增加 1 000 hm^2 增加 1 个

监测点

C. 污染影响型建设项目可优化调整占地范围内、外监测点数量，保持总数不变

D. 污染影响型建设项目占地范围超过 100 hm^2 的，每增加 20 hm^2 增加 1 个监测点

97. 在土壤环境现状调查中，基本因子现状监测频次的要求有（ ）。

A. 评价工作等级为一级的建设项目，应至少开展 1 次现状监测

B. 评价工作等级为一级、二级的建设项目，应至少开展 1 次现状监测

C. 评价工作等级为三级的建设项目，若掌握近 5 年至少 1 次的监测数据，可不再进行现状监测

D. 引用监测数据应说明数据有效性

98. 以下属于生态影响型建设项目土壤理化特性调查内容的是（ ）。

A. 植被　　B. 地下水位埋深

C. 土壤容重　　D. 地下水溶解性总固体

99. 土壤饱和导水率是反映土壤（ ）特征的函数。

A. 结构　　B. 质地　　C. 容重　　D. 空隙分布

100. 某地区土壤含盐量检测值为 1.5 g/kg，经判断属于未盐化，则该地区可能属于（ ）地区。

A. 半干旱　　B. 半湿润　　C. 干旱

D. 半荒漠　　E. 荒漠

101. 下列关于土壤酸化、碱化说法正确的是（ ）。

A. pH=4.0，属于中度酸化

B. 土壤酸化、碱化强度指受人为影响后呈现的土壤 pH 值

C. 土壤酸化、碱化强度分级可根据区域自然背景状况适当调整

D. 土壤酸化、碱化强度可分为 8 级

102. 根据《环境影响评价技术导则　土壤环境（试行）》，土壤环境生态影响重点指的是（ ）。

A. 土地沙漠化　　B. 盐化　　C. 潜育化

D. 酸化　　E. 碱化

103. 根据《环境影响评价技术导则　土壤环境（试行）》，以下说法正确的是（ ）。

A. 将建设项目类别分为Ⅰ类、Ⅱ类、Ⅲ类

B. 将建设项目类别分为Ⅰ类、Ⅱ类、Ⅲ类、Ⅳ类

C. Ⅲ类建设项目可不开展土壤环境影响评价

D. 自身为敏感目标的项目，可根据需要仅对土壤环境现状进行调查

104．土壤剖面调查表中应包含（　　）。

A．景观照片　　B．土壤剖面照片

C．层次　　D．经纬度

105．关于农用地土壤污染风险筛选值，以下说法正确的是（　　）。

A．低于该值，对农产品质量安全、农作物生长或土壤生态环境的风险低

B．等于该值，对农产品质量安全、农作物生长或土壤生态环境可能存在风险

C．超过该值，对农产品质量安全、农作物生长或土壤生态环境一定存在风险

D．超过该值，应当加强土壤环境监测和农产品协同监测

106．根据《环境影响评价技术导则　土壤环境（试行）》，涉及大气沉降影响的改、扩建项目，可（　　）。

A．在主导风向上、下风向适当增加监测点位

B．在主导风向下风向适当增加监测点位

C．以反映降尘对土壤环境的影响

D．以反映降雨对土壤环境的影响

107．对土壤环境生态影响型建设项目进行土壤环境现状监测，评价工作等级为二级时，应（　　）。

A．在占地范围内设置 3 个表层样点　　B．在占地范围外设置 4 个柱状样点

C．在占地范围内设置 3 个柱状样点　　D．在占地范围外设置 4 个表层样点

108．关于土壤环境现状监测因子，以下说法正确的是（　　）。

A．分为基本因子和建设项目的特征因子

B．根据调查评价范围内的土地利用类型选取基本因子

C．一般的监测点位可仅监测特征因子

D．新建项目可仅监测特征因子

109．关于污染场地调查中需现场重点踏勘的内容，以下说法正确的是（　　）。

A．有毒有害物质的使用、处理、储存、处置

B．恶臭、化学品味道/刺激性气味

C．排水管或渠、污水池

D．储槽与管线

参考答案

一、单项选择题

1．A　【解析】根据《建设项目环境影响评价技术导则　总纲》5.3.2 环境保

护目标调查　调查评价范围内的环境功能区划和主要的环境敏感区，详细了解环境保护目标的地理位置、服务功能、四至范围、保护对象和保护要求等。

2. C　【解析】根据《建设项目环境影响评价技术导则　总纲》5.3 环境现状调查与评价包括：自然环境现状调查与评价、环境保护目标调查、环境质量现状调查与评价、环境质量现状调查与评价。

3. C　【解析】根据《环境影响评价技术导则 大气环境》，“新建项目的污染源调查，依据 HJ2.1、HJ 130、HJ 942、行业排污许可证申请与核发技术规范及各污染源源强核算技术指南，并结合工程分析从严确定污染物排放量。根据 HJ2.1 “污染源源强核算方法由污染源源强核算技术指南具体规定”；根据 HJ 884—2018，“污染源源强核算方法包括物料衡算法、类比法、实测法、产排污系数法、实验法，按照行业指南规定的优先级别选取适当的核算方法。”

4. B

5. B　【解析】用煤量=1.8 t/h=（1.8×10^9）/3 600=500 000 mg/s，

SO_2 排放量=500 000 × 2 × 80% × 2%=16 000 mg/s。

6. A　【解析】烟尘排放量=500 000 × 25% × 80% × （1−80%）=20 000 mg/s=20 g/s。

7. C

8. D　【解析】根据《环境影响评价技术导则 大气环境》(HJ 2.2—2018)，改建、扩建项目现状工程的污染源和评价范围内拟被替代的污染源调查，可根据数据的可获得性，依次优先使用项目监督性监测数据、在线监测数据、年度排污许可执行报告、自主验收报告、排污许可证数据、环评数据或补充污染源监测数据等。

9. D【解析】根据《环境影响评价技术导则 大气环境》(HJ 2.2—2018)，7.2.2 评价范围内在建和拟建项目的污染源调查，可使用已批准的环境影响评价文件中的资料；改建、扩建项目现状工程的污染源和评价范围内拟被替代的污染源调查，可根据数据的可获得性，依次优先使用项目监督性监测数据、在线监测数据、年度排污许可执行报告、自主验收报告、排污许可证数据、环评数据或补充污染源监测数据等。污染源监测数据应采用满负荷工况下的监测数据或者换算至满负荷工况下的排放数据。

10. D　【解析】2009 年考题。当某排气筒的高度大于或小于《大气污染物综合排放标准》列出的最大或最小值时，以外推法计算其最高允许排放速率。低于《大气污染物综合排放标准》表列排气筒高度的最低值时，计算公式为：

$$Q=Q_c\,(h/h_c)^2$$

式中：Q—— 某排气筒最高允许排放速率；

Q_c—— 表列排气筒最低高度对应的最高允许排放速率；

h—— 某排气筒的高度；

h_c—— 表列排气筒的最低高度。

表列是指《大气污染物综合排放标准》中的表 1、表 2。所有的污染物的排气筒最低高度是 15 m，因此，上述公式适用。

本题：$Q = 3.50 \times (7.5/15)^2 = 0.875 \approx 0.88$（kg/h）。

同时,《大气污染物综合排放标准》还规定：若新污染源的排气筒必须低于 15 m 时，其排放速率标准值按外推法计算结果再严格 50%执行。因此，本题排放速率应为 0.44 kg/h。

11. C 【解析】在《大气污染物综合排放标准》中，二氧化硫、氮氧化物所列的排气筒的最高高度为 100 m。某排气筒高度高于《大气污染物综合排放标准》表列排气筒高度的最高值，用外推法计算其最高允许排放速率。按下式计算：

$$Q = Q_b (h/h_b)^2$$

式中：Q—— 某排气筒的最高允许排放速率；

Q_b—— 表列排气筒最高高度对应的最高允许排放速率；

h—— 某排气筒的高度；

h_b—— 表列排气筒的最高高度。

本题：$Q = 170 \times (200/100)^2 = 680$（kg/h）。

注意：本题无需按外推法计算结果再严格 50%执行。

12. C 【解析】《大气污染物综合排放标准》规定：排气筒高度应高出周围 200 m 半径范围的建筑 5 m 以上，不能达到该要求的排气筒，应按其高度对应的排放速率标准值严格 50%执行。

13. C 【解析】某排气筒高度处于两高度之间，用内插法计算其最高允许排放速率，按下式计算：

$$Q = Q_a + (Q_{a+1} - Q_a)(h - h_a) / (h_{a+1} - h_a)$$

式中：Q—— 某排气筒最高允许排放速率；

Q_a—— 比某气筒低的表列限值中的最大值；

Q_{a+1}—— 比某排气筒高的表列限值中的最小值；

h—— 某排气筒的几何高度；

h_a—— 比某排气筒低的表列高度中的最大值；

h_{a+1}—— 比某排气筒高的表列高度中的最小值。

本题：$Q = 130 + (170 - 130)(95 - 90) / (100 - 90) = 150$（kg/h）。

从上述的计算过程和计算结果，能得到什么启示吗？

14. B 【解析】根据《环境影响评价技术导则 大气环境》，项目所在区域达标判定，优先采用国家或地方生态环境主管部门公开发布的评价基准年环境质量公告或环境质量报告中的数据或结论。

15. C 【解析】根据《环境影响评价技术导则 大气环境》，计算环境空气保护目标和网格点的环境质量现状浓度属于一级评价项目现状调查内容。

16. C 【解析】根据《环境影响评价技术导则 大气环境》，城市环境空气质量达标情况评价指标为 SO_2、NO_2、PM_{10}、$PM_{2.5}$、CO、O_3。

17. A 【解析】根据《环境影响评价技术导则 大气环境》，如项目评价范围涉及多个行政区，需分别评价各行政区的达标情况，若存在不达标行政区，则判定项目所在评价区域为不达标区。

18. D 【解析】D 选项为 2008 导则的内容，注意区分新老导则相关内容。

19. A 【解析】对采用补充监测数据进行现状评价的，取各污染物不同评价时段监测浓度的最大值作为评价范围内环境空气保护目标的环境质量现状浓度。

20. D 【解析】正常运行的已建项目环境影响体现于背景值，不属于污染源调查范畴。

21. D 【解析】对于编制报告书的工业项目，分析调查受本项目物料及产品运输影响的交通运输移动源，包括运输方式、新增交通流量、排放污染物及排放量。

22. A 【解析】对于城市快速路、主干路等城市道路的新建项目，需调查道路交通流量及污染物排放量。

23. C 【解析】根据《环境空气质量监测点位布设技术规范》（HJ 664—2013），采样口周围水平面应保证 270° 以上的捕集空间，如果采样口一边靠近建筑物，采样口周围水平面应有 180°以上的自由空间。

24. A 【解析】根据导则，改、扩建项目现状工程污染源调查，依次优先使用项目监督性监测数据、在线监测数据、年度排污许可执行报告、自主验收报告、排污许可证数据、环评数据或补充污染源监测数据等。

25. A 【解析】根据导则，三级评价项目，只调查本项目新增污染源和拟被替代的污染源。

26. A 【解析】根据导则，补充监测应至少取得 7 天有效数据。

27. C 【解析】根据导则，补充监测布点以 20 年统计的当地主导风向为轴向，在厂址及主导风向下风向 5 km 范围内设置 1 ~ 2 个监测点。

28. B 29. C 30. D 31. A 32. B 33. C

34. C 【解析】大气的水平运动称为风，风是由高压吹向低压。在同一水平面上，温度高、气压低，温度低、气压高。当日出以后，太阳辐射光照射到山坡上，山坡上的空气比谷底上同高度的空气温度高、密度小、气压低，因而谷底空气将沿山坡上升，形成由山谷吹向山坡的风，称为谷风。山坡向上升的气流上升到一定高度后就向山谷流动，在高空形成反谷风，在山谷间形成谷风局地环流。晚上则相反。

35. B　36. B　37. B

38. B　【解析】C 代表静风频率，静风指风速 < 0.5 m/s。

39. C　40. A　41. C　42. D　43. C

44. C　【解析】CALPUFF 地面气象资料应尽量获取预测范围内所有地面气象站的逐时地面气象数据。

45. C　【解析】离地高度 3 000 m 以内的有效数据层数应不少于 10 层。

46. D　【解析】主导风向的确定应该按主导风向角风频之和应大于等于 30%，从图中不能确定 SSE 风频的数值。

47. D

48. B　【解析】AERMOD 所需的区域湿度条件划分可根据中国干湿地区划分来进行选择。

49. B　【解析】根据导则，区域现状污染源排放清单数据应采用近 3 年内国家或地方生态环境主管部门发布的包含人为源和天然源在内所有区域污染源清单数据。

50. A　【解析】导则 5.1.2 原文："水污染影响型建设项目评价因子的筛选应符合以下要求：（a）按照污染源源强核算技术指南，开展建设项目污染源与水污染因子识别，结合建设项目所在水环境控制单元或区域水环境质量现状，筛选出水环境现状调查评价与影响预测评价的因子；（b）行业污染物排放标准中涉及的水污染物应作为评价因子；（c）在车间或车间处理设施排放口排放的第一类污染物应作为评价因子；（d）水温应作为评价因子；（e）面源污染所含的主要污染物应作为评价因子；（f）建设项目排放的，且为建设项目所在控制单元的水质超标因子或潜在污染因子（指近 3 年来水质浓度值呈上升趋势的水质因子），应作为评价因子。"

51. C　【解析】导则 6.6.6.2 原文："水文调查与水文测量宜在枯水期进行。必要时，可根据水环境影响预测需要、生态环境保护要求，在其他时期（丰水期、平水期、冰封期等）进行。"

52. D　【解析】导则 6.6.6.4 原文："水污染影响型建设项目开展与水质调查同步进行的水文测量，原则上可只在一个时期（水期）内进行。"

53. C　【解析】导则 6.6.6.4 原文："水污染影响型建设项目开展与水质调查同步进行的水文测量，原则上可只在一个时期（水期）内进行。在水文测量的时间、频次和断面与水质调查不完全相同时，应保证满足水环境影响预测所需的水文特征值及环境水力学参数的要求。"

54. C　【解析】根据导则表 3，河流二级评价一般情况下应调查丰水期和枯水期。

55. B 【解析】导则 6.7.2.3 原文："当调查的水下地形数据不能满足水环境影响预测要求时，应开展水下地形补充测绘。"

56. D 【解析】导则 B.2.1，点污染源调查内容，主要包括：基本信息、排放特点、排污数据、用排水情况、污水处理状况。

57. C 【解析】导则 B.2.2，面污染源调查内容原文："c）畜禽养殖污染源：调查畜禽养殖的种类、数量、养殖方式、粪便污水收集与处置情况、主要污染物浓度、污水排放方式和排污负荷量、去向及受纳水体等。畜禽粪便污水作为肥水进行农田利用的，需考虑畜禽粪便污水土地承载力。"

58. D 【解析】导则 5.1.4 原文："建设项目可能导致受纳水体富营养化的，评价因子还应包括与富营养化有关的因子（如总磷、总氮、叶绿素 a、高锰酸盐指数和透明度等。其中，叶绿素 a 为必须评价的因子)。"

59. C

60. C 【解析】导则 6.2.2 原文："受纳水体为湖库时，以排放口为圆心，调查半径在评价范围基础上外延 20% ~ 50%。"

61. D 【解析】根据导则表 2，年径流量与总库容百分比$\alpha \leqslant 10$时，评价等级为一级。

62. D 【解析】导则 5.2.2.2 原文："间接排放建设项目评价等级为三级 B。"

63. B 【解析】根据导则表 1 注 2，应统计含热量大的冷却水的排放量，可不统计间接冷却水、循环水以及其他含污染物极少的清净下水的排放量。

64. A 【解析】根据导则表 2，水文要素影响型建设项目评价等级划分时，与径流有关的指标是兴利库容与年径流量百分比、取水量占多年平均径流量百分比。

65. D 【解析】导则 6.9.3 原文："底泥污染状况评价方法。采用单项污染指数法评价。"

66. B 【解析】根据导则附录 D.1.2 公式进行计算。

67. A 【解析】根据导则附录 D.1.2 公式进行计算。

68. B

69. A 【解析】pH 标准指数计算分两种情况，测值大于 7 及测值小于等于 7，两种情况的计算公式不同，任何水体 pH 的限值都是 6 ~ 9，要记住。

70. C 【解析】导则 6.7.2.2 原文："建设项目需要确定生态流量时，应结合主要生态保护对象敏感用水时段进行调查分析。"

71. B 【解析】导则附录 C.2.3 原文："溶解氧和水温监测频次，每间隔 6 h 取样监测一次。"

72. A 【解析】《环境影响评价技术导则　地表水环境》在地表水环境现状评价时，水质参数的标准指数＞1，表明该水质参数超过了规定的水质标准，不能满足使用要求。

73. A　74. C　75. B 76. A

77. B　【解析】蒸发排泄仅消耗水分，盐分仍留在地下水中，所以蒸发排泄强烈地区的地下水，水的矿化度比较高。

78. D。

79. B　【解析】根据《环境影响评价技术导则　地下水环境》8.3.2.2，对包气带进行分层取样，一般在 0 ~ 20 cm 埋深范围内取一个样品。

80. C　【解析】根据《环境影响评价技术导则　地下水环境》8.3.3.3 f)，一般情况下，该类地区一级、二级评价项目至少设置 3 个监测点，三级评价项目根据需要设置一定数量的监测点。

81. B　【解析】根据《环境影响评价技术导则　地下水环境》8.3.3.4 c)，建设项目为改、扩建项目，且特征因子为 DNAPLs（重质非水相液体）时，应至少在含水层底部取一个样品”

82. B　【解析】根据《环境影响评价技术导则　地下水环境》8.3.3.6 地下水环境现状监测频率要求，b）一级评价项目，地下水现状监测时，若掌握近 3 年至少一期水质监测数据，基本水质因子可在评价期补充开展一期现状监测；特征因子在评价期内需至少开展一期现状值监测。

83. C　【解析】根据《环境影响评价技术导则　地下水环境》8.3.3.7 地下水样品采集与现场测定，c）pH、Eh、DO、水温等不稳定项目应在现场测定。

84. D　【解析】根据《环境影响评价技术导则　地下水环境》8.3.4.4，环境水文地质试验项目通常有抽水试验、注水试验、渗水试验、浸溶试验及土柱淋滤试验等。

85. A

86. C　【解析】$L = 20\lg\dfrac{0.02}{2\times10^{-5}} = 20\times3 = 60\ \text{dB}$

87. B　【解析】$L_{\text{P}} = 20\lg\dfrac{p}{p_0}$，则 $p = p_0 10\dfrac{L_P}{20}$；所以，$p = 2\times10^{-5}\times10^{80/20} = 0.2\ \text{Pa}$

88. D

89. A　【解析】统计噪声级的计算方法，将测得的 100 个数据按由大到小顺序排列，第 10 个数据即为 L_{10}，说明共有 10 个数据，即 10%的时间超过 L_{10}。

90. D　91. C　92. C　93. D　94. C

95. D　【解析】声环境功能区的环境质量评价量为昼间等效声级、夜间等效声级，突发噪声的评价量为最大 A 声级。据 GB 3096—2008，各类声环境功能区夜间突发噪声，其最大声级超过环境噪声限值的幅度不得高于 15 dB（A）。

96. A 97. B 98. C 99. D 100. B 101. B 102. D

103. B 【解析】此考点只能在“参考教材”中找到答案。

104. C 105. C 106. A 107. D 108. C 109. A 110. C 111. D 112. D 113. A 114. D 115. C

116. C 【解析】根据《全国植物物种资源调查技术规定（试行）》5.2（4）样方设置根据地形地貌布设样方并进行调查记录，样方面积依据物种多样性来确定。一般森林样方面积设为（20~30）m×（20~30）m,然后再在样方的四个角和对角线交叉点设立灌木和草本小样方；灌木类型的样方面积通常设为（5~10）m×（5~10）m；草本样方的面积通常设为（1~2）m×（1~2）m。

117. A 【解析】物种乙的密度=个体数目/样地面积=2/10=0.2。所有种的密度=个体数目/样地面积=5/10=0.5。物种乙的相对密度=（一个种的密度/所有种的密度）×100%=（0.2/0.5）×100%=40%。

118. B【解析】根据《全国动物物种资源调查技术规定（试行）》第三部分 5.2,(1)两栖爬行类物种调查　两栖爬行类应选择在繁殖季节进行调查。在一个样点最好能进行 2 次以上的调查，特别是两栖爬行类的繁殖季节相对集中，宜以天为频度展开观察，维持至繁殖行为结束。

119. B 【解析】此题是 2006 年的一个考题。据相关教材，荒漠化的量化指标如下：潜在荒漠化的生物生产量为 3~4.5 t/（hm^2·a），正在发展的荒漠化为 1.5~2.9 t/（hm^2·a），强烈发展的荒漠化为 1.0~1.4 t/（hm^2·a），严重荒漠化为 0.0~0.9 t/（hm^2·a）。

120. D 【解析】《县域植被多样性调查与评估技术规定》中定义：

3.8 乔木高度一般在 5 m 以上，由明显直立的主干和发育强盛枝条构成广阔树冠的木本植物。

121. D 122. A 123. A 124. C

125. D 【解析】生物生产力是指生物在单位面积和单位时间所产生的有机物质的质量，亦即生产的速度，单位为 t/（hm^2·a）；在生态评价时，以群落单位面积内的物种作为标准，称为物种量（物种数/hm^2），而物种量与标定物种量的比值，称为标定相对物种量。

126. C 【解析】根据《全国植物物种资源调查技术规定（试行）》第二部分 5.2 调查要求，根据地形地貌布设样方并进行调查记录，样方面积依据物种多样性来确定。一般森林样方面积设为（20~30）m×（20~30）m,然后再在样方的四个角和对角线交叉点设立灌木和草本小样方；灌木类型的样方面积通常设为（5~10）m×（5~10）m；草本样方的面积通常设为（1~2）m×（1~2）m。

127. C 【解析】植物调查时首先选样地，然后在样地内选样方，样地选择以花费最少劳动力和获得最大准确度为原则，采用样地调查收割法时，森林样地面积选用 1 000 m^2，疏林及灌木林样地选用 500 m^2，草本群落或森林草本层样地面积选用 100 m^2。注意是“收割法”。

128. D

129. A 【解析】样地调查时，一般草本的样方面积在 1 m^2 以上，灌木林样方在 10 m^2 以上，乔木林样方在 100 m^2 以上。

130. B 131. D

132. B 【解析】净初级生物量=9−5=4（mg/L），
总初级生物量=9−3.5=5.5（mg/L）。

133. A 【解析】样方 50 cm 的面积为 0.25 m^2，则 1 m^2 的生物量为 300 g。

134. C

135. C 【解析】NDVI 指的是归一化差异植被指数，常用于进行区域和全球的植被状况研究。

136. B 137. B

138. C 【解析】根据《环境影响影响技术方法》，GPS 卫星星座属于 GPS 系统的空间部分，由 21 颗工作卫星和 3 颗备用卫星组成。

139. C 140. A

141. D 【解析】导则 7.1.4 原文：“工业园区内的建设项目，应重点在建设项目占地范围内开展现状调查工作，并兼顾其可能影响的园区外围土壤环境敏感目标。”

142. A 【解析】导则 7.4.2.6 原文：“涉及地面漫流途径影响的，应结合地形地貌，在占地范围外的上、下游各设置 1 个表层样监测点”，尾矿库项目属于涉及地面漫流途径影响的项目。

143. B 【解析】导则 7.4.2.7 原文：“线性工程应重点在站场位置（如输油站、泵站、阀室、加油站及维修场所等）设置监测点。”

144. B 【解析】对生态影响型建设项目，土壤环境二级评价现状监测应设置 3 个表层样点。

145. C 【解析】导则 7.3.2.1 原文：“在充分收集资料的基础上，根据土壤环境影响类型、建设项目特征与评价需要，有针对性地选择土壤理化特性调查内容，主要包括土体构型、土壤结构、土壤质地、阳离子交换量、氧化还原电位、饱和导水率、土壤容重、孔隙度等。”

146. A 【解析】导则 7.3.2.2 原文：“评价工作等级为一级的建设项目应参照表 C.2 填写土壤剖面调查表。”

147. D 【解析】氧化还原电位是长期惯用的氧化还原指标，它可以被理解为物质提供或接受电子的趋向或能力。物质接受电子的强烈趋势意味着高氧化还原电位，而提供电子的强烈趋势则意味着低氧化还原电位。

148. B 【解析】对于滨海、半湿润、半干旱地区，土壤含盐量 1 g/kg ≤ SSC < 2 g/kg，属于轻度盐化。

149. A 【解析】导则 7.5.4.1 原文：“生态影响型建设项目应给出土壤盐化、酸化、碱化的现状。”

150. D 【解析】土壤 4.5 ≤ pH < 5.5，属于轻度酸化。

151. A 【解析】《土壤环境质量 建设用地土壤污染风险管控标准（试行）》3.3 原文：“暴露途径指建设用地土壤中污染物迁移到达和暴露于人体的方式。主要包括：（1）经口摄入土壤；（2）皮肤接触土壤；（3）吸入土壤颗粒物；（4）吸入室外空气中来自表层土壤的气态污染物；（5）吸入室外空气中来自下层土壤的气态污染物；（6）吸入室内空气中来自下层土壤的气态污染物。”

152. B 【解析】《中华人民共和国土壤污染防治法》第一章第二条原文：“本法所称土壤污染，是指因人为因素导致某种物质进入陆地表层土壤，引起土壤化学、物理、生物等方面特性的改变，影响土壤功能和有效利用，危害公众健康或者破坏生态环境的现象。”

153. B 【解析】导则 4.2.1 原文：“本导则土壤环境生态影响重点指土壤环境的盐化、酸化、碱化等。”

154. C 【解析】导则 4.2.4 原文：“涉及两个或两个以上场地或地区的建设项目应按 4.2.3 分别开展评价工作。”

155. C 【解析】土壤潴育化是指在干、湿交替的条件下，土壤 Fe、Mn 经氧化还原作用而发生的淋溶、淀积过程。

156. A 【解析】土壤中砂粒成分 > 50%、细黏土成分 < 30%，说明该土壤是砂土，表征了土壤质地。

157. D 【解析】pE 表示电子活度，CEC 表示阳离子交换量，AEC 表示阴离子交换量，Eh 表示氧化还原电位。

158. D 【解析】有机质是土壤固相部分的重要组成成分，尽管土壤有机质的含量只占土壤总量的很小一部分，但它对土壤形成、土壤肥力、环境保护及农林业可持续发展等方面都有着极其重要的作用和意义。

159. B 【解析】导则 7.3.3.2 原文：“改、扩建的污染影响型建设项目，其评价工作等级为一级、二级的，应对现有工程的土壤环境保护措施情况进行调查，并重点调查主要装置或设施附近的土壤污染现状。”

160. A 【解析】导则 7.3.3.1 原文：“应调查与建设项目产生同种特征因子或造成相同土壤环境影响后果的影响源。”

161. C 【解析】根据《土壤环境质量　农用地土壤污染风险管控标准（试行）》，

农用地土壤污染风险筛选值与 pH 值密切相关，果园属于农用地。

162. C　【解析】根据土壤结构体的大小、形状以及与土壤肥力的关系，可以把土壤结构体划分为五种类型：块状结构体、核状结构体、柱状结构体、片状结构体及团粒结构体。

163. A　【解析】导则 7.4.2.5 原文："涉及大气沉降影响的，应在占地范围外主导风向的上、下风向各设置 1 个表层样监测点，可在最大落地浓度点增设表层样监测点。"

164. D　【解析】根据导则表 6，评价工作等级为三级的污染影响型建设项目，应在占地范围内设置 3 个表层样点。

二、不定项选择题

1. AB

2. ABCD　【解析】导则调查内容和目的部分原文。

3. BC　【解析】根据大气导则，计算环境空气保护目标和网格点的环境质量现状浓度属于一级评价项目现状调查内容。

4. B　【解析】根据大气导则，补充监测布点以 20 年统计的当地主导风向为轴向，在厂址及主导风向下风向 5 km 范围内设置 1 ~ 2 个监测点。

5. AB　【解析】根据大气导则，补充监测应选择污染较重的季节进行现状监测，补充监测应至少取得 7d 有效数据。

6. ABCD　【解析】根据大气导则，城市环境空气质量达标情况评价指标为 SO_2、NO_2、PM_{10}、$PM_{2.5}$、CO、O_3。

7. AB　【解析】根据大气导则，其他污染物环境质量现状数据优先采用评价范围内国家或地方环境空气质量监测网中评价基准年连续 1 年的监测数据，其次可收集评价范围内近 3 年与项目排放的其他污染物有关的历史监测资料。

8. ABCD　【解析】导则污染源调查内容部分原文。

9. AB　【解析】根据导则，污染源监测数据应采用满负荷工况下的监测数据或者换算至满负荷工况下的排放数据。

10. ABCD　【解析】根据导则，改、扩建项目现状工程污染源调查，依次优先使用项目监督性监测数据、在线监测数据、年度排污许可执行报告、自主验收报告、排污许可证数据、环评数据或补充污染源监测数据等。

11. ABC　【解析】根据导则，二级评价项目调查本项目现有及新增污染源和拟被替代的污染源。

12. ABC　【解析】导则污染源数据来源与要求原文。

13. C　【解析】估算模型最少风速可取 0.5 m/s。

14. ABCD 【解析】导则附录 C4.4 原文。

15. BCD 【解析】导则附录 C4.1 原文，垂直扩散参数为体源调查内容。

16. BCD 【解析】横向扩散参数为体源调查内容。

17. ABCD 【解析】导则附录 C4.8 原文。

18. ABC 【解析】利用 CALPUFF 进行预测时，要素至少包括一天早晚两次不同等压面上的气压、离地高度、干球温度、风向及风速。

19. ABDE 20. ABD 21. ABC

22. ABD 【解析】新导则中地面气象数据不包含低云量，应注意新老导则区别。

23. ABC 【解析】导则 6.6.2.1 原文："二级评价，主要收集利用已建项目的排污许可证登记数据、环评及环保验收数据及既有实测数据，必要时补充现场监测。"

24. ABD 【解析】导则 5.1.3 原文："水文要素影响型建设项目评价因子，应根据建设项目对地表水体水文要素影响的特征确定。河流、湖泊及水库主要评价水面面积、水量、水温、径流过程、水位、水深、流速、水面宽、冲淤变化等因子，湖泊和水库需要重点关注湖底水域面积或蓄水量及水力停留时间等因子。"

25. ABC 【解析】导则表 1 注释原文：

"注 4：建设项目直接排放的污染物为受纳水体超标因子的，评价等级不低于二级。

注 5：直接排放受纳水体影响范围涉及饮用水水源保护区、饮用水取水口、重点保护与珍稀水生生物的栖息地、重要水生生物的自然产卵场等保护目标时，评价等级不低于二级。

注 6：建设项目向河流、湖库排放温排水引起受纳水体水温变化超过水环境质量标准要求，且评价范围有水温敏感目标时，评价等级为一级。

注 7：建设项目利用海水作为调节温度介质，排水量≥500 万 m^3/d，评价等级为一级；排水量＜500 万 m^3/d，评价等级为二级。

注 8：仅涉及清净下水排放的，如其排放水质满足受纳水体水环境质量标准要求的，评价等级为三级 A。

注 9：依托现有排放口，且对外环境未新增排放污染物的直接排放建设项目，评价等级参照间接排放，定为三级 B。

注 10：建设项目生产工艺中有废水产生，但作为回水利用，不排放到外环境的，按三级 B 评价。"

26. ABCD 【解析】导则表 2 注释原文：

"注 1：影响范围涉及饮用水水源保护区、重点保护与珍稀水生生物的栖息地、重要水生生物的自然产卵场、自然保护区等保护目标，评价等级应不低于二级。

注 2：跨流域调水、引水式电站、可能受到河流感潮河段影响，评价等级不低于二级。

注 3：造成入海河口（湾口）宽度束窄（束窄尺度达到原宽度的 5%以上），评价等级应不低于二级。

注 4：对不透水的单方向建筑尺度较长的水工建筑物（如防波堤、导流堤等），其与潮流或水流主流向切线垂直方向投影长度大于 2 km 时，评价等级应不低于二级。

注 5：允许在一类海域建设的项目，评价等级为一级。

注 6：同时存在多个水文要素影响的建设项目，分别判定各水文要素影响评价等级，并取其中最高等级作为水文要素影响型建设项目评价等级。"

27. ACDE　【解析】珠江下游属感潮河段。

28. BD　【解析】根据导则表 3 可知，涉及入海河口的地表水二级评价项目的评价时期包括春、秋两个季节。

29. AB　【解析】导则 6.2.2 原文："对于水污染影响型建设项目，除覆盖评价范围外，受纳水体为河流时，在不受回水影响的河流段，排放口上游调查范围宜不小于 500 m，受回水影响河段的上游调查范围原则上与下游调查的河段长度相等；受纳水体为湖库时，以排放口为圆心，调查半径在评价范围基础上外延 20%～50%。"

30. ABC　【解析】导则 6.6.2.3 原文："具有已审批入河排放口的主要污染物种类及其排放浓度和总量数据，以及国家或地方发布的入河排放口数据的，可不对入河排放口汇水区域的污染源开展调查。"

31. BD　【解析】水库、湖泊需要调查水力停留时间。

32. BCD　【解析】导则 6.7.2.1 原文："应在常规监测断面的基础上，重点针对对照断面、控制断面以及环境保护目标所在水域的监测断面开展水质补充监测。"

33. AC　【解析】经导则表 1 判断，该项目评价等级为三级 A。对于评价等级为三级 A 的项目，考核评价范围、评价时期、污染源调查、预测。

34. AC　【解析】导则 6.8 原文："底泥污染评价。评价底泥污染项目及污染程度，识别超标因子，结合底泥处置排放去向，评价退水水质与超标情况。"

35. ABCDE　【解析】导则 6.7.3.2 原文："底泥污染调查与评价的监测点位布设应能够反映底泥污染物空间分布特征的要求，根据底泥分布区域、分布深度、扰动区域、扰动深度、扰动时间等设置。"

36. ABC　【解析】导则 6.6.6.1 原文："应尽量收集临近水文站既有水文年鉴资料和其他相关的有效水文观测资料。当上述资料不足时，应进行现场水文调查与水文测量，水文调查与水文测量宜与水质调查同步。"

37. ABCE

38. AB 【解析】导则 6.3 原文:“地表水环境现状调查因子根据评价范围水环境质量管理要求、建设项目水污染物排放特点与水环境影响预测评价要求等综合分析确定。调查因子应不少于评价因子。”

39. ABDE 【解析】导则 B.2.2 原文:“面污染源调查内容,按照农村生活污染源、农田污染源、分散式畜禽养殖污染源、城镇地面径流污染源、堆积物污染源、大气沉降源等分类。”

40. ABCD 【解析】根据导则 6.5.2,调查方法主要采用资料收集、现场监测、无人机或卫星遥感遥测等方法。

41. ABE 【解析】根据教材,裂隙按照成因可分为岩裂隙、构造裂隙、风化裂隙,也可分为原生裂隙、次生裂隙和构造裂隙。

42. BCD 【解析】地表以下地下水面以上的岩土层,其空隙未被水充满,空隙中仍包含着部分空气,该岩土层即称为包气带。包气带是地表物质进入地下含水层的必经之路。包气带水泛指贮存在包气带中的水,包括通称为土壤水的吸着水、薄膜水、毛细水、气态水等,有时也将包气带水称之为非饱和带水。包水带中第一个具有自由表面的含水层中的水称为潜水。潜水含水层上面无隔水层,直接与包气带相连,所以潜水在其全部分布范围内都可以通过包气带接受大气降水、地表水的补给。通常在重力作用下由高位置向低位置作下降运动,发生径流。

充满于两隔水层之间的含水层中的水,称为承压水,也称自流水。另一种定义:充满于上、下两个相对隔水层之间的含水层,对顶板产生静水压力的地下水。承压水主要由大气降水、地表水渗入补给。

包气带、潜水、承压水的位置和关系见下图:

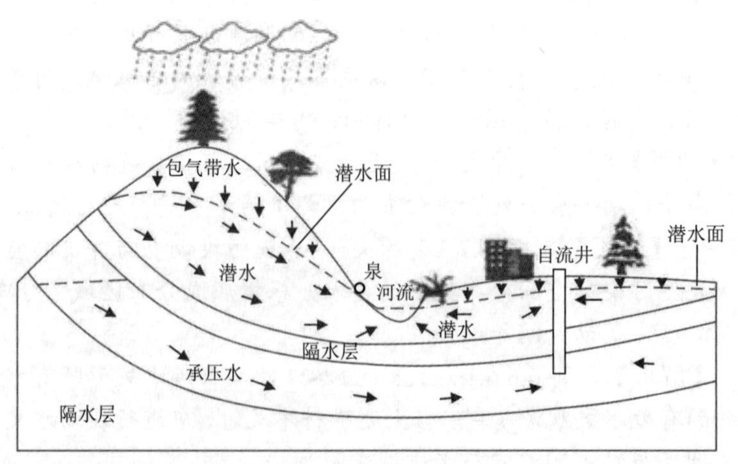

43. ABCD　44. ABD　45. BCD　46. ABC　47. ABCD　48. ABCDE　49. BD　50. ABCD　51. ABCD　52. ABCDE

53. ABCDE　【解析】除本题所列的信息外，地下水等水位线图还可确定地下水人工露头，计算地下水的水力坡度，推断给水层的岩性或厚度的变化等。

54. ABC　【解析】水文地质柱状图是水文垂直钻孔得出来的图件，钻孔能穿越包气带、潜水层、含水层、承压水层，上述信息都能反映出来。含水层之间的补给关系，是河流补给潜水还是潜水补给河流，则无法准确判断。

55. ABCD　56. ABC　57. ABCD　58. ABC

59. ABCDE　【解析】除上述 5 种方法外，还有连通试验。简单常用的试验是：抽水试验、注水试验、渗水试验，这三种试验都可测定渗透系数。

60. ABC　【解析】包气带下面是潜水层，与承压水的位置有一定的距离。

61. BC　62. ABCD　63. ABD

64. ABC　【解析】地下水现状监测分析没有超标倍数之说。大气现状监测结果分析有这种说法。

65. AB

66. ABD　【解析】声环境功能区的环境质量评价量为昼间等效声级、夜间等效声级，突发噪声的评价量为最大 A 声级。据 GB 3096—2008，各类声环境功能区夜间突发噪声，其最大声级超过环境噪声限值的幅度不得高于 15 dB（A）。GB 3096—2008 没有规定昼间突发噪声限值的幅度。因此，不能选 C。

67. BCD　【解析】选项 A 的正确说法是：布点应覆盖整个评价范围，包括厂界（或场界、边界）和敏感目标。

68. ABC　69. AD　70. BD

71. CD　【解析】网格法布点按正方形划分。

72. ABCD

73. BC　【解析】声环境现状评价包括声环境质量现状评价和噪声源现状评价。改、扩建飞机场，需要绘制现状 L_{WECPN} 的等声级图。

74. ABCDE

75. AC　【解析】专家和公众咨询法是对现场勘查的有益补充，专家和公众咨询应与资料收集和现场勘察同步开展。遥感调查过程中必须辅助必要的现场勘察工作。

76. ABCD　77. AC

78. ABD　【解析】重要值=相对密度+相对优势度+相对频度。

79. ABD　【解析】陆生动物资源调查的内容比较多，ABD 是常规内容，至于 C 选项主要针对植被。环评有关导则与规范中，并未要求动物资源要调查动物的生物量。

80. BCD 【解析】通过植物样方调查可以确定物种多样性，覆盖度和密度是主要的数据，生物量也常用来评价物种的重要性，因此，这三种指标都应该调查。

81. BCDE 82. ABDE 83. ABC 84. BE

85. ABCE 【解析】《环境影响评价技术导则 生态影响》附录原文："景观生态学方法对景观的功能和稳定性分析包括如下四方面内容：① 生物恢复力分析；② 异质性分析；③ 种群源的持久性和可达性分析；④ 景观组织的开放性分析。"

86. ABD 【解析】鸟类五种调查方法有：样线（带）调查法、样点调查法、分区直数法、红外相机陷阱法、访问调查法。

87. ACDE 88. ABDE

89. ABD 【解析】地理信息系统空间分析的基本功能，包括：缓冲区分析、叠加分析、路径分析以及空间数据的合并和派生等。

90. ACDE 【解析】遥感为景观生态学研究和应用提供的信息包括：地形、地貌、地面水体植被类型及其分布、土地利用类型及其面积、生物量分布、土壤类型及其水体特征、群落蒸腾量、叶面积指数及叶绿素a含量等。

91. AD 【解析】景观生态学在环境影响评价中的应用见《环境影响评价技术导则 生态影响》中的附录。景观生态学对生态环境质量状况的评判是通过两个方面进行的，一是空间结构分析，二是功能与稳定性分析。这是因为景观生态学认为，景观的结构与功能是相当匹配的，且增加景观的异质性和共生性也是生态学和社会学整体论的基本原则。

92. ABDE

93. ABCDE 【解析】导则7.3.1原文："根据建设项目特点、可能产生的环境影响和当地环境特征，有针对性收集调查评价范围内的相关资料，主要包括以下内容：a）土地利用现状图、土地利用规划图、土壤类型分布图；b）气象资料、地形地貌特征资料、水文及水文地质资料等；c）土地利用历史情况；d）与建设项目土壤环境影响评价相关的其他资料。"

94. AB 【解析】导则7.4.2.2原文："调查评价范围内的每种土壤类型应至少设置1个表层样监测点，应尽量设置在未受人为污染或相对未受污染的区域。"

95. ABCDE 【解析】导则7.4.2.1原文："土壤环境现状监测点布设应根据建设项目土壤环境影响类型、评价工作等级、土地利用类型确定。"导则7.4.2.3原文："生态影响型建设项目应根据建设项目所在地的地形特征、地面径流方向设置表层样监测点。"

96. ABD 【解析】导则7.4.3原文："7.4.3.2 生态影响型建设项目可优化调整占地范围内、外监测点数量，保持总数不变；占地范围超过5 000 hm^2的，每增加

1 000 hm^2 增加 1 个监测点。”“7.4.3.3 污染影响型建设项目占地范围超过 100 hm^2 的，每增加 20 hm^2 增加 1 个监测点。”

97. AD 【解析】导则 7.4.6 原文：“a）基本因子：评价工作等级为一级的建设项目，应至少开展 1 次现状监测；评价工作等级为二级、三级的建设项目，若掌握近 3 年至少 1 次的监测数据，可不再进行现状监测；引用监测数据应满足 7.4.2 和 7.4.3 的相关要求，并说明数据有效性。”

98. ABCD 【解析】导则 7.3.2.1 原文：“在充分收集资料的基础上，根据土壤环境影响类型、建设项目特征与评价需要，有针对性地选择土壤理化特性调查内容，主要包括土体构型、土壤结构、土壤质地、阳离子交换量、氧化还原电位、饱和导水率、土壤容重、孔隙度等；土壤环境生态影响型建设项目还应调查植被、地下水位埋深、地下水溶解性总固体等，可参照表 C.1 填写。”

99. BCD 【解析】土壤饱和导水率是土壤被水饱和时，单位水势梯度下、单位时间内通过单位面积的水量，它是土壤质地、容重、空隙分布特征的函数。

100. CDE 【解析】干旱、半荒漠和荒漠地区，土壤含盐量 SSC＜2 g/kg，属于未盐化。

101. ABC 【解析】4.0≤pH＜4.5，属于中度酸化；土壤酸化、碱化强度指受人为影响后呈现的土壤 pH 值，可根据区域自然背景状况适当调整；土壤酸化、碱化强度可分为 9 级，分别为极重度酸化、重度酸化、中度酸化、轻度酸化、无酸化或碱化、轻度碱化、中度碱化、重度碱化、极重度碱化。

102. BDE 【解析】导则 4.2.1 原文：“本导则土壤环境生态影响重点指土壤环境的盐化、酸化、碱化等。”

103. BD 【解析】导则 4.2.2 原文：“根据行业特征、工艺特点或规模大小等将建设项目类别分为Ⅰ类、Ⅱ类、Ⅲ类、Ⅳ类，见附录 A，其中Ⅳ类建设项目可不开展土壤环境影响评价；自身为敏感目标的建设项目，可根据需要仅对土壤环境现状进行调查。”

104. ABC 【解析】土壤剖面调查表中应包含景观照片、土壤剖面照片、层次。

105. AD 【解析】《土壤环境质量　农用地土壤污染风险管控标准》原文：“农用地土壤污染风险筛选值指农用地土壤中污染物含量等于或者低于该值的，对农产品质量安全、农作物生长或土壤生态环境的风险低，一般情况下可以忽略；超过该值的，对农产品质量安全、农作物生长或土壤生态环境可能存在风险，应当加强土壤环境监测和农产品协同监测，原则上应当采取安全利用措施。”

106. BC 【解析】导则 7.4.2.9 原文：“涉及大气沉降影响的改、扩建项目，可在主导风向下风向适当增加监测点位，以反映降尘对土壤环境的影响。”

107. AD 【解析】导则表 6，对土壤环境生态影响型建设项目进行土壤环境现状监测，评价工作等级为二级时，应在占地范围内设置 3 个表层样点、占地范围外设置 4 个表层样点。

108. ABC 【解析】导则 7.4.5 原文：“土壤环境现状监测因子分为基本因子和建设项目的特征因子。a）基本因子为 GB 15618、GB 36600 中规定的基本项目，分别根据调查评价范围内的土地利用类型选取；b）特征因子为建设项目产生的特有因子，根据附录 B 确定；既是特征因子又是基本因子的，按特征因子对待；c）7.4.2.2 与 7.4.2.10 中规定的点位须监测基本因子与特征因子；其他监测点位可仅监测特征因子。”

109. ABC 【解析】根据《建设用地土壤污染状况调查 技术导则》5.2.4 现场踏勘的重点：

重点踏勘对象一般应包括：有毒有害物质的使用、处理、储存、处置；生产过程和设备，储槽与管线；恶臭、化学品味道和刺激性气味，污染和腐蚀的痕迹；排水管或渠、污水池或其他地表水体、废物堆放地、井等。同时应该观察和记录地块及周围是否有可能受污染物影响的居民区、学校、医院、饮用水水源保护区以及其他公共场所等，并在报告中明确其与地块的位置关系。

第三章　环境影响识别与评价因子的筛选

一、单项选择题（每题的备选选项中，只有一个最符合题意）

1. 下列区域属于《建设项目环境保护分类管理名录》规定的环境敏感区的是(　　)。

A．水杉林　　B．榕树林　　C．天然林　　D．桉树林

2．矩阵法在环境影响识别中是以（　　）的方式说明拟建项目的环境影响。

A．定性　　B．定量　　C．半定量　　D．定性或半定量

3．环境影响识别中，一般采用的定性或半定量方法为（　　）。

A．清单法　　B．相关矩阵法　　C．迭代矩阵法　　D．叠图法

4．一般性水质因子指数计算公式 $S_{i,j}=C_{i,j}/C_i$ 中 $C_{i,j}$ 是指（　　）。

A．污染物 i 在 j 点的浓度　　B. 污染物 i 的水质评价标准限值

C．污染物 i 在 j 点的实测统计代表浓度　　D．河流上游来水流量

5．地表水环境现状调查因子应（　　）评价因子。

A．大于　　B．等于　　C．不少于　　D．少于

6．某建设项目向附近有富营养化趋势的湖泊排放污水，地表水环境影响评价中必须评价的因子（　　）。

A．总磷　　B．总氮　　C．溶解氧　　D．叶绿素 a

7．水文要素影响型建设项目中，湖泊和水库重点关注（　　）因子。

A．水面面积、水量及水力停留时间

B．湖底水域面积或蓄水量及水力停留时间

C．水位、水深及水力停留时间

D．冲淤变化及水力停留时间

8．某生活垃圾焚烧发电项目，其大气评价因子主要包括一氧化碳、颗粒物、二氧化硫、氮氧化物、二噁英、重金属和（　　）

A．氟化物　　B．氯化氢　　C．铜　　D．硫化氢

二、不定项选择题（每题的备选项中至少有一个符合题意）

1．在建设项目的环境影响识别中，从技术上一般应考虑（　　）。

A．从自然环境和社会环境两方面识别环境影响

B．突出对重要的或社会关注的环境要素的识别

C．项目的特性

D．项目涉及的当地环境特性及环境保护要求

E．识别主要的环境敏感区和环境敏感目标

2．下列哪些属建设项目环境影响识别的一般技术要求？（　　）

A．突出自然环境的识别环境影响，社会环境可忽略

B．项目涉及的环境保护要求

C．项目类型、规模等特性

D．识别主要的环境敏感区和环境敏感目标

E．项目涉及的当地环境特性

3．下列（　　）属于《建设项目环境保护分类管理名录》规定的环境敏感区。

A．人工鱼塘　　B．水土流失重点防治区　　C．重要湿地　　D. 地质公园

4．环境影响识别的主要方法有（　　）。

A．矩阵法　　B．保证率法　　C．叠图法

D．清单法　　E．影响网络法

5．下列关于大气评价因子识别的说法，正确的是（　　）。

A．规划项目排放的 SO_2 和 NO_x 年排放量大于或等于 500 t/a 时，评价因子应增加 O_3

B．大气环境影响评价因子主要为项目排放的基本污染物及其他污染物

C．建设项目排放的 SO_2 和 NO_x 年排放量大于或等 500 t/a 时，评价因子应增加 $PM_{2.5}$

D．规划项目排放的 VOC_S 和 NO_x 年排放量大于或等于 500 t/a 时，评价因子应增加 $PM_{2.5}$

6．水污染型建设项目评价因子应包含（　　）。

A．行业污染物排放标准中涉及的污染物

B．车间或车间处理设施排放的第一类污染物

C．水温

D．项目排放的且所在控制单元的水质超标因子

参考答案

一、单项选择题

1. C　2. D　3. B

4. C　【解析】根据导则附录 D 中 D.1.1，一般性水质因子的指数计算公式解释。

5. C　【解析】根据导则 6.3 调查因子，调查因子应不少于评价因子。

6. D　【解析】根据导则 5.1.4，建设项目可能导致受纳水体富营养化的，评价因子还应包括与富营养化有关的因子（如总磷、总氮、叶绿素 a、高锰酸盐指数和透明度等。其中，叶绿素 a 为必须评价的因子）。

7. B　【解析】根据导则 5.1.3，水文要素影响型建设项目评价因子，应根据建设项目对地表水体水文要素影响的特征确定。湖泊和水库需要重点关注湖底水域面积或蓄水量及水力停留时间等因子。

8. B

二、不定项选择题

1. ABCDE　2. BCDE

3. BCD　【解析】根据 2018 年 4 月 28 日公布的《关于修改〈建设项目环境影响评价分类管理名录〉部分内容的决定》修正，（一）自然保护区、风景名胜区、世界文化和自然遗产地、海洋特别保护区、饮用水水源保护区；（二）基本农田保护区、基本草原、森林公园、地质公园、重要湿地、天然林、野生动物重要栖息地、重点保护野生植物生长繁殖地、重要水生生物的自然产卵场、索饵场、越冬场和洄游通道、天然渔场、水土流失重点防治区、沙化土地封禁保护区、封闭及半封闭海域；（三）以居住、医疗卫生、文化教育、科研、行政办公等为主要功能的区域，以及文物保护单位。

4. ACDE　【解析】选项 B 是大气日平均浓度的计算方法。

5. BC　【解析】规划项目排放的 VOC_S 和 NO_x 年排放量大于或等于 2 000 t/a 时，评价因子应增加 O_3；规划项目排放的 SO_2 和 NO_x 年排放量大于或等于 500 t/a 时，评价因子应增加 $PM_{2.5}$。

6. ABCD　【解析】根据导则 5.1.2，水污染影响型建设项目评价因子的筛选应符合以下要求：（a）按照污染源源强核算技术指南，开展建设项目污染源与水污染因子识别，结合建设项目所在水环境控制单元或区域水环境质量现状，筛选出水环境现状调查评价与影响预测评价的因子；（b）行业污染物排放标准中涉及的水污染物应作为评价因子；（c）在车间或车间处理设施排放口排放的第一类污染物应作为评价因子；（d）水温应作为评价因子；（e）面源污染所含的主要污染物应作为评价因子；（f）建设项目排放的，且为建设项目所在控制单元的水质超标因子或潜在污染因子（指近 3 年来水质浓度值呈上升趋势的水质因子），应作为评价因子。

第四章　环境影响预测与评价

一、单项选择题（每题的备选选项中，只有一个最符合题意）

1．当项目（　　）范围内一半以上面积属于城市建成区或者规划区时，大气预测选择城市模型。

A. 周边半径 3 km　B. 周边半径 5 km　C．评价　D．预测

2．两个排气筒高度分别为 24 m 及 30 m，距离为 50 m，排气筒的污染物排放速率分别为 0.44 kg/h 及 2.56 kg/h，则等效排气筒的排放速率是（　　）。

A．4.56　B．4.2　C．2.12　D．3.0

3．两个排气筒高度分别为 24 m 及 30 m，距离为 50 m，排气筒的污染物排放速率分别为 0.44 kg/h 及 2.56 kg/h，则等效排气筒的高度是（　　）。

A．28.7　B．30　C．27.2　D．24

4．若某一网格点的 SO_2 最大地面小时浓度（C_{SO_2}）和 NO_2 最大地面小时浓度（C_{NO_2}）占标率相等，则（　　）。

A．$C_{SO_2}=C_{NO_2}$　B．$C_{SO_2}>C_{NO_2}$　C．$C_{SO_2}<C_{NO_2}$　D．$C_{SO_2}=2C_{NO_2}$

5．下列关于大气环境影响预测与评价的一般性要求说法正确的有（　　）。

A．一级、二级评价项目均应采用进一步预测模型开展大气环境影响预测与评价

B．二级、三级评价项目不进行进一步预测与评价

C．三级评价项目需对污染物排放量进行核算

D．二级、三级评价项目均应对污染物排放量进行核算

6．预测范围应覆盖评价范围，并覆盖各污染物短期浓度贡献值占标率大于（　　）的区域。

A．5%　B．10%　C．15%　D．20%

7．经判定需预测二次污染物的项目，预测范围应覆盖 $PM_{2.5}$ 年平均质量浓度贡献值占标率大于（　　）的区域。

A．5%　B．10%　C．1%　D．20%

8．下列模型中适用于模拟岸边熏烟现象污染物浓度的模型有（　　）。

A．AERMOD　B．ADMS

C．区域光化学网格模型　　D．CALPUFF

9．下列模型中适用于模拟复杂化学反应的模型有（　　）。

A．AERMOD　　B．ADMS

C．区域光化学网格模型　　D．CALPUFF

10．下列模型中适用于烟塔合一源的模型有（　　）。

A．AEDT　　B．ADMS

C．区域光化学网格模型　　D．AUSTAL2000

11．下列模型中适用于机场源的模型有（　　）。

A．AEDT　　B．ADMS

C．区域光化学网格模型　　D．CALPUFF

12．当项目评价基准年内存在风速≤0.5 m/s 的持续时间超过（　　）h，应采用 CALPUFF 模型进行进一步模拟。

A．24　　B．48　　C．72　　D．96

13．某建设项目位于海岸边 3 km 范围内，存在岸边熏烟，并且估算的最大 1 h 平均质量浓度超过环境质量标准，下列适用该模型的有（　　）。

A．AEDT　　B．ADMS

C．区域光化学网格模型　　D．CALPUFF

14．当项目近 20 年统计的全年静风（风速≤0.2 m/s）频率超过（　　），应采用 CALPUFF 模型进行进一步模拟。

A．30%　　B．45%　　C．35%　　D．40%

15．下列模型中适用于模拟城市尺度的模型有（　　）。

A．AEDT　　B．ADMS

C．区域光化学网格模型　　D．CALPUFF

16．下列模型中适用于模拟区域尺度的模型有（　　）。

A．AEDT　　B．ADMS

C．区域光化学网格模型　　D．CALPUFF

17．下列模型中适用于预测 O_3 的模型有（　　）。

A．AEDT　　B．ADMS

C．区域光化学网格模型　　D．AUSTAL2000

18．光化学网络模型中非道路移动源按（　　）形式模拟。

A．点源　　B．线源　　C．面源　　D．体源

19．估算模型 AERSCREEN 一般需选取评价区域近 20 年以上资料统计结果，最小风速取（　　）m/s。

A．0.5　　B．1　　C．1.5　　D．2

20．高空气象资料应获取最少 3 个站点的测量或模拟气象数据，其中离地高度 3 000 m 以内有效数据层数不少于（　　）。

A．10 层　　B．8 层　　C．15 层　　D．20 层

21．原始地形数据分辨率不得少于（　　）m。

A．100　　B．90　　C．150　　D．200

22．ADMS 模型中地表参数根据模型特点取项目周边（　　）km 范围内占地面积最大的土地利用类型来确定。

A．1　　B．2　　C．3　　D．4

23．估算模型 AERSCREEN 最远计算距离不得超过污染源下风向（　　）km。

A．10　　B．20　　C．50　　D．25

24．使用 AERMOD 和 ADMS 模型时，距离源中心大于 15 km 的网格间距不超过（　　）m。

A．200　　B．300　　C．400　　D．500

25．使用 CALPUFF 模型时，预测范围小于 50 km 的网格间距不超过（　　）m。

A．1 000　　B．200　　C．300　　D．500

26．使用光化学网格模型时，预测网格间距一般不超过（　　）km。

A．1　　B．2　　C．3　　D．5

27．光化学网格模型的气象场至少涵盖评价基准年（　　）数据。

A．1 月、2 月、5 月、8 月　　B．3 月、6 月、9 月、12 月

C．1 月、4 月、7 月、10 月　　D．2 月、6 月、9 月、11 月

28．大气环境影响评价时，适用于预测网格源对环境影响的模型有（　　）。

A．AERMOD　　B．ADMS

C．AERSCREEN　　D．CALPUFF

29．某规划项目，SO_2+NO_2 的年总排放量为 3 000 t，预测二次污染物 $PM_{2.5}$ 对环境影响应采用的模型为（　　）。

A．AERMOD　　B．ADMS

C．网格模型　　D．AUSTAL2000

30．下列预测模型中包含了街道窄谷模型的有（　　）。

A．AERMOD　　B．ADMS

C．区域光化学网格模型　　D．CALPUFF

31．对于河流，随着温度升高，饱和溶解氧浓度（　　）。

A．增大　　B．减小

C．不变　　D．随大气压升高而升高

32．狄龙模型属于下列（　　）模型。

A．零维　　B．垂向一维

C．平面二维　　D．立面二维

33．下列（　　）适用于模拟预测物质在宽浅水体中垂向均匀混合的状态。

A．零维模型　　B．垂向一维数学模型

C．平面二维数学模型　　D．河网模型

34．下列模型中适用于模拟预测水温在面积较小、水深较大的水库中的模型为（　　）。

A．零维　　B．垂向一维数学模型

C．平面二维数学模型　　D．河网模型

35．多条河道相互连通，使得水流运动和污染物交换相互影响的地区，应采用的预测模型是（　　）。

A．零维模型　　B．一维数学模型

C．二维数学模型　　D．河网模型

36．覆盖预测范围内所有与建设项目排放污染物相关的污染源负荷占预测范围总污染负荷的比例应超过（　　）。

A．70%　　B．80%　　C．90%　　D．95%

37．当受纳水体为河流时，不受回水影响的河段，建设项目污染源排放量核算断面位于排放口下游，与排放口的距离应小于（　　）km。

A．1　　B．2　　C．3　　D．4

38．某建设项目污水排放量为 300 m^3/h，COD_{Cr} 为 200 mg/L。污水排入附近一条小河，河水流量为 5 000 m^3/h，排放口上游 COD_{Cr} 背景浓度为 10 mg/L，则排放口完全混合后 COD 的浓度为（　　）mg/L。

A．22　　B．36.67　　C．25　　D．20.75

39．某条河流水面宽度为 150 m，水深为 3 m，弯曲系数为 1.35，则该段河流水域可概化为（　　）。

A．弯曲矩形河流　　B．平直矩形河流

C．弯曲非矩形河流　　D．平直非矩形河流

40．当某河流 O'Connor 数α和贝克莱数 Pe 满足（　　）时，可以采用对流降解模型求解排放口上下游污染物的浓度。

A．$\alpha \leqslant 0.027$，Pe$\geqslant$1　　B．$\alpha \leqslant 0.027$，Pe$<$1

C．$0.027<\alpha \leqslant 380$　　D．$\alpha >380$

41．当某河流 O'Connor 数α和贝克莱数 Pe 满足（　　）时，可以采用对流扩散降解简化模型求解排放口上下游污染物的浓度。

A．$\alpha \leqslant 0.027$，Pe$\geqslant$1　　B．$\alpha \leqslant 0.027$，Pe$<$1

C. $0.027<\alpha\leqslant380$　　D. $\alpha>380$

42．当某河流 O'Connor 数α和贝克莱数 Pe 满足（　　）时，可以采用对流扩散降解模型求解排放口上下游污染物的浓度。

A. $\alpha\leqslant0.027$，$Pe\geqslant1$　　B. $\alpha\leqslant0.027$，$Pe<1$

C. $0.027<\alpha\leqslant380$　　D. $\alpha>380$

43．某项目涉及水环境保护目标的水域，安全余量应按照项目污染源排放量核算断面处环境质量标准的（　　）确定。

A. 5%　　B. 10%　　C. 15%　　D. 20%

44．某河流流速为 8.5 m^3/s，水面宽度为 50 m，水深为 0.8 m，纵向扩散系数为 187 m^2/s；污染物在该河流中的综合衰减系数为 0.000 5/s，则 O'Connor 数α和贝克莱数 Pe 分别是（　　）。

A. 0.0013，0.057　　B. 2.07，2.27

C. 2.07，0.057　　D. 0.001 3，2.27

45．当某条河流流速为 1.0 m/s，O'Connor 数$\alpha\leqslant0.027$和贝克莱数 $Pe\geqslant1$，排放口 COD 初始断面混合浓度为 10 mg/L，COD 衰减系数为 5×10^{-5}/s，则排污口下游 2 km 出 COD 浓度为（　　）mg/L。

A. 8　　B. 9　　C. 7　　D. 6

46．某排污水企业位于长江南岸，拟在宽度为 1 200 m 的河段设置排污口，1 号排污口距岸边 20 m，2 号排污口距岸边 50 m，3 号排污口距岸边 80 m，4 号排污口距岸边 100 m，则混合过程段最短的是（　　）。

A. 1 号排污口　　B. 2 号排污口　　C. 3 号排污口　　D. 4 号排污口

47．河流水环境影响预测时，合理的初始水文条件为（　　）。

A. 90%保证率最枯月流量或近 10 年最枯月平均流量

B. 90%保证率流速为零时的低水位相应水量

C. 95%保证率最枯月流量或近 10 年最枯月平均流量

D. 90%保证率最枯月流量或近 20 年最枯月平均流量

48．感潮河段、入海河口及近岸海域建设项目应考虑（　　）对污染物运移扩散的影响，一级评价时间精度不得低于 1 h。

A. 水温　　B. 总磷　　C. 叶绿素 a　　D 盐度

49．某水库进行水底泥沙淤积使得库底高程发生的变化，应考虑（　　）变化的影响。

A. 库容　　B. 进水量　　C. 出水量　　D. 地形

50．根据《环境影响评价技术导则　地下水环境》，地下水二级评价中水文地质条件复杂时应优先采用（　　）进行预测。

A. 解析法　　B. 数值法　　C. 回归分析　　D. 趋势外推

51. 根据《环境影响评价技术导则　地下水环境》，地下水一级评价应采用（　　）进行预测。

A. 均衡法　　B. 数值法或解析法
C. 回归分析　　D. 数值法

52. 根据《环境影响评价技术导则　地下水环境》，下列关于不同地下水环境影响评价等级应采用的预测方法，说法错误的是（　　）。

A. 一般情况下，一级评价应采用数值法
B. 二级评价中水文地质条件复杂且适宜采用数值法时，建议优先采用数值法
C. 三级评价不可采用解析法
D. 三级评价可采用类比分析法

53. 根据《环境影响评价技术导则　地下水环境》，关于地下水环境影响预测源强确定的依据，下列说法错误的是（　　）。

A. 正常状况下，预测源强应结合建设项目工程分析和相关设计规范确定
B. 非正常状况下，预测源强应结合建设项目工程分析确定
C. 非正常状况下，预测源强可根据工艺设备系统老化或腐蚀程度设定
D. 非正常状况下，预测源强可根据地下水环境保护措施系统老化或腐蚀程度设定

54. 根据《环境影响评价技术导则　地下水环境》，关于地下水环境影响预测模型概化的内容，下列说法错误的是（　　）。

A. 根据排放规律污染源可以概化为连续恒定排放或非连续恒定排放以及瞬时排放
B. 各级评价项目，预测所需的包气带垂向渗透系数、含水层渗透系数、给水度等参数初始值的获取应以收集评价范围内已有水文地质资料为主，现场试验获取为辅
C. 水文地质条件概化可根据调查评价区和场地环境水文地质条件进行
D. 一级评价项目，预测所需的包气带垂向渗透系数、含水层渗透系数、给水度等参数初始值的获取应通过现场试验获取

55. 下列哪种地下水预测方法可以解决许多复杂水文地质条件和地下水开发利用条件下的地下水资源评价问题，并可以预测各种开采方案条件下地下水位的变化，即预测各种条件下的地下水状态？（　　）

A. 数值法　　B. 地下水量均衡法
C. 地下水溶质运移解析法　　D. 回归分析

56. 根据《环境影响评价技术导则　地下水环境》，通过对照数值解法进行检验

和比较，并能拟合观测资料以求得水动力弥散系数的预测方法是（　　）。

A．数值法　　B．地下水量均衡法

C．地下水溶质运移解析法　　D．回归分析

57. 根据《环境影响评价技术导则　地下水环境》，采用数值法预测前，应先（　　）。

A．进行参数识别和模型验证　　B．进行地下水流场的调查

C．进行地下水质识别　　D．进行回归分析

58．根据《环境影响评价技术导则　地下水环境》，地下水水质现状评价应采用（　　）进行评价。

A．综合指数法　　B．标准指数法

C．加权平均法　　D．南京指数法

59．根据《环境影响评价技术导则　地下水环境》，某水质因子的监测数据经计算，标准指数=1，表明该水质因子（　　）。

A．已超标　　B．达标

C．超标率为 1　　D．不能判断达标情况

60．根据《环境影响评价技术导则　地下水环境》，下列哪些条件不是采用解析模型预测污染物在含水层中的扩散？（　　）

A．污染物的排放对地下水流场没有明显的影响

B．污染物的排放对地下水流场有明显的影响

C．评价区内含水层的基本参数（如渗透系数、有效孔隙度等）不变

D．评价区内含水层的基本参数（如渗透系数、有效孔隙度等）变化很小

61．根据《环境影响评价技术导则　地下水环境》，对采用类比分析法时，应给出类比分析对象与拟预测对象之间的条件，下列哪些不是类比分析法的条件？（　　）

A．二者的环境水文地质条件相似

B．二者的工程类型、规模及特征因子对地下水环境的影响具有相似性

C．二者的水动力场条件相似

D．二都的投资规模相似

62．根据《环境影响评价技术导则　地下水环境》，水文地质参数初始值的确定时，对于预测所需的包气带垂向渗透系数、含水层渗透系数、给水度等参数初始值的获取应（　　）。

A．以收集评价范围内已有水文地质资料为主，不满足预测要求时需通过现场试验获取

B．通过现场试验获取

C．以收集评价范围内已有水文地质资料为主，无须通过现场试验获取

D．查阅相关资料获取

63．重金属经过各种污染途径进入包气带，进入包气带中的重金属元素首先发生（　　）。

A．吸附作用　　B．络合作用　　C．氧化作用　　D．离子交换作用

64．有机污染物在包气带中迁移途径为（　　）。

A．污染源→表层土壤→下包气带土壤→犁底层土壤→地下含水层

B．污染源→表层土壤→地下含水层→犁底层土壤→下包气带土壤

C．污染源→表层土壤→犁底层土壤→下包气带土壤→地下含水层

D．污染源→表层土壤→犁底层土壤→地下含水层→下包气带土壤

65．固体废物在淋滤作用下，淋滤液下渗引起的地下水污染属（　　）污染。

A．间歇入渗型　　B．连续入渗型

C．越流型　　D．经流型

66．废水渠渗漏造成地下水污染属（　　）污染。

A．间歇入渗型　　B．连续入渗型

C．越流型　　D．经流型

67．污染物通过地下岩溶孔道进入含水层造成地下水污染属（　　）污染。

A．间歇入渗型　　B．连续入渗型

C．越流型　　D．经流型

68．污染物通过地层尖灭的天窗污染潜水或承压水属（　　）污染。

A．间歇入渗型　　B．连续入渗型

C．越流型　　D．经流型

69．某工厂内有 4 种机器，声压级分别是 84 dB、82 dB、86 dB、89 dB，它们同时运行时的声压级是（　　）dB。

A．94　　B．92　　C．95　　D．98

70．室内吊扇工作时，测得噪声声压 p＝0.002 Pa；电冰箱单独开动时声压级是 46 dB，两者同时开动时的合成声压级是（　　）dB。

A．41　　B．61　　C．47　　D．48

71．室内有两个噪声源，同时工作时总声压级为 73 dB，当其中一个声源停止工作时，测得室内声压级为 72 dB，另一声源的声压级是（　　）dB。

A．62　　B．67　　C．78　　D．66

72．已知 L_1＝85 dB，L_2＝85 dB，则合成声压级 L_{1+2} 是（　　）dB。

A．86　　B．87　　C．88　　D．90

73．某工厂冷却塔外 1 m 处，噪声级为 100 dB（A），厂界值要求标准为 60 dB（A），在不考虑屏障衰减的情况下，厂界与冷却塔的最小距离应为（　　）。

A. 80 m　　B. 100 m　　C. 50 m　　D. 60 m

74. 任何形状的声源，只要声波波长（　　）声源几何尺寸，该声源可视为点声源。

A. 远远大于　　B. 远远小于

C. 等于　　D. 远远小于等于

75. 在声环境影响评价中，声源中心到预测点之间的距离超过声源最大几何尺寸（　　）时，可将该声源近似为点声源。

A. 很多　　B. 1倍　　C. 3倍　　D. 2倍

76. 某厂的鼓风机产生噪声，距鼓风机 3 m 处测得噪声为 85 dB，鼓风机距居民楼 30 m，该鼓风机噪声在居民楼处产生的声压级是（　　）dB。

A. 75　　B. 68　　C. 65　　D. 60

77. 上题中如居民楼执行的噪声标准是 55 dB，如果要达标，则居民楼应离鼓风机的距离是（　　）m。

A. 65　　B. 85　　C. 75　　D. 95

78. 某工厂机器噪声源附近测得噪声声压级为 67 dB，背景值为 60 dB，机器的噪声是（　　）dB。

A. 62　　B. 60　　C. 66　　D. 64

79. 已知距某点声源 10 m 处测得噪声值为 90 dB，则 30 m 处的噪声值为（　　）dB。

A. 72　　B. 78　　C. 80.5　　D. 84

80. 某工程室外声源有引风机排气口，室内声源有球磨机、水泵，在未采取治理措施前，风机排气、球磨机、水泵在预测点的噪声贡献值分别为 60 dB（A）、42 dB（A）、42 dB（A），要使预测点声级满足 55 dB（A）标准要求，采取的噪声控制措施为（　　）。

A. 引风机排气口加消声器　　B. 引风机加隔声罩

C. 球磨机加隔声罩　　D. 水泵加隔声罩

81. 已知某线声源长 10 km，在距线声源 10 m 处测得噪声值为 90 dB，则 30 m 处的噪声值为（　　）dB。

A. 78　　B. 81　　C. 80.5　　D. 85.2

82. 有一列 500 m 火车正在运行。若距铁路中心线 20 m 处测得声压级为 90 dB，距铁路中心线 40 m 处有一居民楼，则该居民楼的声压级是（　　）dB。

A. 87　　B. 84　　C. 80　　D. 78

83. 有一列 500 m 火车正在运行。若距铁路中心线 600 m 处测得声压级为 70 dB，距铁路中心线 1 200 m 处有疗养院，则该疗养院的声压级是（　　）dB。

A．67　　B．70　　C．64　　D．60

84．有一列 600 m 火车正在运行。若距铁路中心线 250 m 处测得声压级为 65 dB，距铁路中心线 500 m 处有居民楼，则该居民楼的声压级是（　　）dB。

A．62　　B．60.5　　C．59　　D．63

85．距某一线声源 r 处的声级为 50 dB，$2r$ 处的声级为 47 dB，在 r～$2r$ 距离范围内该线声源可视作（　　）。

A．点声源　　B．面声源

C．有限长线声源　　D．无限长线声源

86．某车间一窗户面积为 20 m^2，已知室内靠近窗户处的声压级为 90 dB，靠近窗户处的室内和室外声压级差为 15 dB，等效室外声源的声功率级应为（　　）。

A．28 dB　　B．75 dB　　C．88 dB　　D．103 dB

87．在计算噪声从室内向室外传播噪声衰减时，会使用到（　　），当该声压级难以测量时，将使用（　　）计算。

A．A 声级　等效连续 A 声级　　B．倍频带声压级　等效连续 A 声级

C．总声压级　倍频带声压级　　D．倍频带声压级　A 声级

▲（88～95 题根据以下内容回答）某印染企业位于 2 类区域，厂界噪声现状值和噪声源及离厂界东和厂界南的距离如表 1、表 2 所示，本题预测只考虑距离的衰减和建筑墙体的隔声量，空气吸收因本建设项目噪声源离预测点较近而忽略不计，考虑到各噪声源的距离，将噪声源化为点声源处理。计算公式如下：

表 1　某印染企业厂界噪声现状值

时段	测点位置	现状值/dB（A）
昼间	厂址东边界	59.8
	厂址南边界	53.7
夜间	厂址东边界	41.3
	厂址南边界	49.7

表 2　噪声源及离厂界距离

	声源设备名称	台数	噪声等级/dB（A）	厂界东/m	厂界南/m
车间 A	印花机	1 套	85	160	60
锅炉房	风机	3 台	90	250	60

$$L_r = L_W - 20\lg r - 8 - TL$$

式中：L_r —— 距声源 r 米处的声压级，dB（A）；

L_W—— 声源源强，dB（A）；

r—— 距声源的距离，m；

TL—— 墙壁隔声量，dB（A）。TL 在本题中取 10 dB（A）。

88．锅炉房 3 台风机合成后噪声级（不考虑距离）是（　　）dB（A）。

A．96.4　　B．94.8　　C．90　　D．97.6

89．不考虑背景值的情况下，厂界东的噪声预测值应为（　　）dB（A）。

A．29　　B．28.8　　C．29.8　　D．22.9

90．不考虑背景值的情况下，厂界南的噪声预测值应为（　　）dB（A）。

A．31.4　　B．41.2　　C．30.7　　D．41.6

91．叠加背景值后，厂界东昼间的噪声预测值是否超标？（　　）

A．超标　　B．达标

92．叠加背景值后，厂界南夜间的噪声预测值是否超标？（　　）

A．超标　　B．达标

93．由建设项目自身声源在预测点产生的声级为（　　）。

A．贡献值　　B．背景值　　C．预测值　　D．叠加值

94．不含建设项目自身声源影响的环境声级为（　　）。

A．贡献值　　B．背景值　　C．预测值　　D．叠加值

95．预测点的贡献值和背景值按能量叠加方法计算得到的声级为（　　）。

A．贡献值　　B．背景值　　C．预测值　　D．最大预测值

96．根据《环境影响评价技术导则　生态影响》，当成图面积≥100 km^2 时，一级生态影响评价的成图比例尺应（　　）。

A．≥1∶25 万　　B．≥1∶5 万

C．≥1∶50 万　　D．≥1∶10 万

97．根据《环境影响评价技术导则　生态影响》，当成图面积 2～100 km^2 时，二级生态影响评价的成图比例尺应（　　）。

A．≥1∶25 万　　B．≥1∶5 万

C．≥1∶50 万　　D．≥1∶10 万

98．根据《环境影响评价技术导则　生态影响》，当成图面积为 1.76 km^2 时，二级生态评价的成图比例尺应≥1∶5 000，则三级生态影响评价的成图比例尺应（　　）。

A．≥1∶1 万　　B．≥1∶5 万

C．≥1∶50 万　　D．≥1∶10 万

99. 根据《环境影响评价技术导则　生态影响》，某拟建高速公路长度为 120 km，则该项目的生态评价成图比例尺应（　　）。

A. ≥1∶1万　　B. ≥1∶5万

C. ≥1∶25万　　D. ≥1∶10万

100. 生态影响评价中，关于指数法应用的说法，错误的是（　　）。

A. 可用于生态因子单因子质量评价　　B. 可用于生态因子综合质量评价

C. 可用于生态系统功能评价　　D. 可用于生态系统结构评价

101. 根据《环境影响评价技术导则　生态影响》，根据建设项目的特点和受其影响的动、植物的生物学特征，依照生态学原理分析、预测工程生态影响的方法称为（　　）。

A. 生产力法　　B. 生物多样性法

C. 景观生态学法　　D. 生态机理分析法

102. 根据《环境影响评价技术导则　生态影响》，生态机理分析法是根据建设项目的特点和受其影响的动、植物的生物学特征，依照（　　）分析、预测工程生态影响的方法。

A. 生态学原理　　B. 生命科学原理

C. 景观学原理　　D. 生物学原理

103. 根据《环境影响评价技术导则　生态影响》，生态综合指数法评价公式 $\Delta E=\sum(\mathrm{Eh}_i-\mathrm{Eh}_{qi})\times W_i$ 中 W_i 表示（　　）。

A. 斑块 i 出现的样方数　　B. 群落的多样性指数

C. i 因子的权值　　D. 种数

104. 根据《环境影响评价技术导则　生态影响》，生态综合指数法评价公式 $\Delta E=\sum(\mathrm{Eh}_i-\mathrm{Eh}_{qi})\times W_i$ 中 ΔE 表示（　　）。

A. 开发建设活动前后生物多样性变化值

B. 开发建设活动前后生态质量变化值

C. 开发建设活动后 i 因子的质量指标

D. 开发建设活动前 i 因子的质量指标

105. 根据《环境影响评价技术导则　生态影响》，生态影响评价中，类比分析法是一种比较常用的（　　）评价方法。

A. 定量和半定量　　B. 定性和半定量

C. 定性和定量　　D. 半定性和半定量

106. 根据《环境影响评价技术导则　生态影响》，公式 $H=-\sum_{i=1}^{S}p_i\ln(p_i)$ 用以表达（　　）。

A. 丰富度指数　　B. 辛普森多样性指数

C. 优势度指数　　D. 香农-威纳指数

107．按照水力侵蚀的强度分级，下列哪个侵蚀模数值属强度侵蚀？（　　）

A．1 000～2 500 t/（km^2·a）　B．2 500～5 000 t/（km^2·a）

C．5 000～8 000 t/（km^2·a）　D．8 000～15 000 t/（km^2·a）

108．风蚀强度分级按植被覆盖度（%）、年风蚀厚度（mm）、侵蚀模数[t/（km^2·a）]三项指标划分，以下三项指标属中度风蚀强度的是（　　）t/（km^2·a）。

A．70～50、2～10、200～2 500

B．50～30、10～25、2 500～5 000

C．10～30、25～50、5 000～8 000

D．<10、50～100、8 000～15 000

109．在我国西北地区，容许土壤流失量为（　　）。

A．500 t/（km^2·a）　B．1 000 t/（km^2·a）

C．200 t/（km^2·a）　D．1 500 t/（km^2·a）

110．土壤侵蚀强度以（　　）表示。

A．土壤侵蚀模数[t/（m^2·a）]　B．土壤容许流失量[t/（m^2·a）]

C．土壤侵蚀模数[t/（km^2·a）]　D．植被覆盖度（mm）

111．通用水土流失方程式 $A=R·K·L·S·C·P$ 中，A 表示（　　）。

A．土壤侵蚀模数　B．土壤容许流失量

C．土壤侵蚀面积　D．单位面积多年平均土壤侵蚀量

112．海水富营养化时营养指数为（　　）。

A．大于 1　B．大于 3　C．大于 4　D．大于 5

113．用营养物质负荷法预测富营养化时，当 TP 为 15 mg/m^3 时，湖泊富营养化等级为（　　）。

A．富营养　B．中营养　C．贫营养　D．一般营养

114．用营养状况指数法预测富营养化时，当 TSI 为 35 时，湖泊富营养化等级为（　　）。

A．富营养　B．中营养　C．贫营养　D．一般营养

115．一般认为春季湖水循环期间的总磷浓度在（　　）mg/m^3 以下时基本不发生藻花和降低水的透明度。

A．1　B．2　C．10　D．20

116．表征土壤侵蚀强度的指标是（　　）。

A．土壤侵蚀厚度　B．土壤侵蚀量

C．土壤侵蚀面积　D．土壤侵蚀模数

117．风力侵蚀强度分级指标有（　　）。

A．植被覆盖度、年风蚀厚度、侵蚀模数

B. 植被覆盖度、年风蚀厚度、土壤侵蚀面积

C. 植被覆盖度、侵蚀模数、土壤侵蚀面积

D. 侵蚀模数、年风蚀厚度、土壤侵蚀面积

118. 通常，工业、矿业固体废物所含的成分经物理、化学、生物转化后会形成（　　）污染。

A. 物理物质型　　B. 化学物质型　　C. 辐射物质型　　D. 病原体型

119. 通常，人畜粪便和有机垃圾所含的成分经物理、化学、生物转化后会形成（　　）污染。

A. 物理物质型　　B. 化学物质型　　C. 辐射物质型　　D. 病原体型

120. 在陆地堆积或简单填埋的固体废物，经过雨水的浸渍和废物本身的分解，将会产生含有有害化学物质的（　　），从而形成水污染。

A. 渗滤液　　B. 重金属　　C. 有毒、有害气体　　D. 有机体

121. 固体废物堆放、贮存和处置场的污染物可以通过（　　）方式释放到环境中。

A. 固态　　B. 气态　　C. 液态　　D. 上述形态的一种或多种

122. 堆放的固体废物产生的大气主要污染物是（　　）。

A. 细微颗粒、粉尘、毒气、恶臭

B. 二氧化硫、二氧化氮、一氧化碳、氯气

C. 细微颗粒、粉尘、BOD_5、氨氮

D. 三氧化硫、一氧化二氮、二氧化碳、重金属

123. 下列哪个公式表达的是填埋场污染物迁移速度？（　　）

A. $v=\dfrac{q}{\eta_e}$　　B. $v'=\dfrac{v}{R_d}$　　C. $v=C\sqrt{Ri}$　　D. $v'=C\sqrt{Rv}$

124. 垃圾填埋场渗滤液通常可根据填埋场“年龄”分为两类，“年轻”填埋场的填埋时间在（　　）年以下。

A. 2　　B. 3　　C. 4　　D. 5

125. 一般情况，“年轻”填埋场的渗滤液的pH（　　），BOD_5及COD浓度（　　）。

A. 较高，较高　　B. 较低，较高　　C. 较高，较低　　D. 较低，较低

126. 城市垃圾填埋场产生的气体主要为（　　）。

A. 氨气和一氧化碳　　B. 甲烷和二氧化碳

C. 甲烷和二氧化氮　　D. 氮气和氨气

127. 一般情况，“年老”填埋场的渗滤液的pH（　　），BOD_5及COD浓度（　　）。

A. 接近中性或弱碱性，较低　　B. 接近中性或弱碱性，较高

C. 接近酸性或弱酸性，较高　　D. 较低，较低

128. 一般情况，“年轻”填埋场的渗滤液的 BOD_5/COD 的比值（　　）。

A. 中等　　B. 较低　　C. 较高　　D. 不能确定

129. 封场后的填埋场，植被恢复过程中种植于填埋场顶部覆盖层上的植物（　　）受到污染。

A. 可能　　B. 不会　　C. 一定　　D. 严重

130. 填埋场渗滤液（　　）可能会对地下水及地表水造成污染。

A. 泄漏　　B. 处理不当

C. 重金属　　D. 泄漏或处理不当

131. 填埋场产生的气体排放对大气的污染、对公众健康的危害以及可能发生的（　　）对公众安全有一定的威胁。

A. 燃烧　　B. 爆炸　　C. 泄漏　　D. 处理不当

132. 垃圾填埋场大气环境影响预测及评价的主要内容是（　　）。

A. 释放气体对环境的影响　　B. 恶臭对环境的影响

C. 渗滤液对环境的影响　　D. 释放气体及恶臭对环境的影响

133. 生活垃圾填埋场选址应位于重现期不小于（　　）的洪水水位以上。

A. 10年一遇　　B. 20年一遇　　C. 50年一遇　　D. 百年一遇

134. 垃圾填埋场的环境质量现状评价方法一般是根据监测值与各种标准，采用（　　）方法。

A. 单因子和多因子综合评判　　B. 单因子

C. 多因子综合评判　　D. 极值评判

135. 土壤环境影响预测评价范围一般（　　）。

A. 与土壤环境现状调查评价范围一致

B. 大于土壤环境现状调查评价范围

C. 小于土壤环境现状调查评价范围

D. 与大气环境预测评价范围一致

136. 土壤环境影响预测应重点预测评价建设项目对（　　）的累积影响。

A. 占地范围外土壤环境敏感目标　　B. 占地范围内土壤

C. 占地范围外农田　　D. 占地范围内建设用地

137. 土壤环境影响分析可（　　）说明建设项目对土壤环境产生的影响及趋势。

A. 定量　　B. 定性或半定量

C. 定性　　D. 半定量

138. 根据《环境影响评价技术导则　土壤环境（试行）》，建设项目导致土地沙漠化的，可根据土壤环境特征，结合建设项目的特点，分析（　　）。

A. 地下水环境可能受影响的程度

B．土壤环境可能受影响的范围和程度

C．土壤环境可能受影响的程度

D．土壤环境直接受影响的范围和程度

139．根据《环境影响评价技术导则　土壤环境（试行）》，根据建设项目（　　），确定重点预测时段。

A．工程分析结果　　B．土壤环境保护目标

C．各阶段具体特征　　D．土壤环境影响识别结果

140．污染影响型建设项目进行土壤环境影响预测时，应根据环境影响识别出的（　　）选取关键预测因子。

A．基本因子及特征因子　　B．特征因子

C．基本因子　　D．周边企业产生的特征因子

141．根据《环境影响评价技术导则　土壤环境（试行）》，污染影响型的（　　）项目，预测方法可参见附录 E 或进行类比分析。

A．一级、二级　　B．三级

C．一级　　D．一级、二级、三级

142．某建设项目土壤环境影响评价等级为（　　），可采用定性描述的方法进行预测。

A．一级　　B．二级

C．三级　　D．二级、三级

143．水库项目（　　），土壤环境敏感目标处且占地范围内各评价因子均满足 GB 15618、GB 36600，或附录 D、附录 F 中相关标准要求，则该项目土壤环境影响可接受。

A．建设期　　B．服务期满后

C．运营期　　D．各不同阶段

144．根据《环境影响评价技术导则　土壤环境（试行）》，某建设项目为土壤环境影响评价一级项目，该项目产生的重金属污染物以点源形式垂直进入土壤环境，则可采用（　　）方法进行预测。

A．一维非饱和溶质运移模型　　B．综合评分法

C．定性描述　　D．估算模式

145．根据《环境影响评价技术导则　土壤环境（试行）》，可通过工程分析计算土壤中某种物质的（　　）。

A．淋溶或径流排出　　B．土壤缓冲消耗

C．输入量　　D．输出量

146．某建设项目单位质量土壤中铅的增量为 0.000 3 g/kg，铅的现状值为

0.000 1 g/kg，则预测值为（　　）g/kg。

A．0.000 2　B．0.000 4　C．0.000 3　D．0.000 1

147．公式$\Delta S=n(I_S-L_S-R_S)/(\rho_b\times A\times D)$中，$\rho_b$是指（　　）。

A．表层土壤容重

B．表层土壤深度

C．单位质量表层土壤中某种物质的增量

D．持续年份

148．公式$pH=pH_b\pm\Delta S/BC_{pH}$中，$BC_{pH}$是指（　　）。

A．土壤 pH 现状值　B．缓冲容量

C．增量　D．表层土壤深度

149．公式$Sa=\sum_{i=1}^{n}W_{x_i}\times I_{x_i}$中，$W_{x_i}$是指（　　）。

A．影响因素 i 指标评分　B．影响因素指标数目

C．预测值　D．影响因素 i 指标权重

二、不定项选择题（每题的备选项中至少有一个符合题意）

1．下列属于点源调查内容的有（　　）。

A．排气筒底部中心坐标　B．排气筒几何高度（m）

C．排气筒出口内径（m）　D．排气筒出口处烟气温度

2．下列属于面源调查内容的有（　　）。

A．面源海拔　B．气象数据

C．各主要污染物排放速率　D．各主要污染物排放工况

3．下列属于矩形面源调查内容的有（　　）。

A．面源海拔　B．面源长度和宽度

C．各主要污染物排放速率　D．与正北方向逆时针的夹角

4．下列属于多边形面源调查内容的有（　　）。

A．面源海拔　B．面源宽度

C．各顶点坐标　D．与正北方向逆时针的夹角

5．下列属于近圆形面源调查内容的有（　　）。

A．中心点坐标　B．近圆形半径

C．近圆形顶点数　D．年排放小时数

6．下列属于体源调查内容的有（　　）。

A．体源中心点坐标　B．体源排放速率

C．体源有效高度　D．初始横向扩散参数

7．下列属于线源调查内容的有（　　）。

A．线源几何尺寸　B．线源宽度　C．平均车速　D．车型比例

8．下列适合预测范围小于 50 km 的模型有（　　）。

A．ADMS　B．AUSTAL2000　C．AERMOD　D．EDMS

9．下列适用于 AERSCREEN 模型污染源的有（　　）。

A．点源　B．面源　C．线源　D．体源

10．下列适用于 AUSTAL2000 模型污染源的有（　　）。

A．点源　B．面源　C．线源　D．烟塔合一源

11．下列适用于光化学网格模型污染源的有（　　）。

A．点源　B．体源　C．网格源　D．烟塔合一源

12．污染源从排放形式可分为（　　）。

A．点源　B．体源　C．网格源　D．面源

13．污染源从排放时间上可分为（　　）。

A．连续源　B．间断源　C．偶发源　D．频发源

14．污染源从排放的运行形式可分为（　　）。

A．固定源　B．道路移动源　C．非道路移动源　D．机场源

15．某一级评价建设项目，污染物排放量为 SO_2：240 t/a；NO_x：360 t/a；H_2S：34 t/a；该项目需要进行预测的基本污染物有（　　）。

A．SO_2　B．NO_x　C．H_2S　D．$PM_{2.5}$

16．某规划项目，经判定需要预测二次污染物 $PM_{2.5}$，下列可预测该污染物的模型有（　　）。

A．ADMS　B．网格模型　C．AERMOD　D．CALPUFF

17．某一级评价项目，经判定需预测二次污染物，则预测范围应（　　）

A．覆盖各污染物短期浓度贡献值占标率大于 10%的区域

B．覆盖各污染物年平均质量浓度贡献值占标率大于 1%的区域

C．覆盖评价范围

D．覆盖各污染物短期浓度贡献值占标率大于 1%的区域

18．下列属于达标区域新建项目，新增污染源正常排放状况下大气预测内容包括的有（　　）。

A．短期浓度　B．正常排放　C．长期浓度　D．1 h 平均质量浓度

19．下列属于达标区域新建项目，新增污染源非正常排放状况下大气预测内容包括的有（　　）。

A．1 h 最大浓度贡献值　B．1 h 平均质量浓度

C．1 h 最大浓度占标率　D．日平均浓度、年均浓度

20．某水泥项目应编制环境影响报告书，利用估算模式计算 P_{max} 为4.5%，下列关于预测要求说法正确的有（　　）。

A．应采用进一步预测模型开展大气环境影响预测与评价

B．不进行进一步预测与评价，只对污染物排放量进行核算

C．选取有环境质量标准的评价因子作为预测因子

D．评价结果表达不需绘制网格浓度分布图

21．预测评价项目建成后各污染物对预测范围的环境影响，预测值计算方式正确的是（　　）。

A．$C_{叠加}=C_{本项目}+C_{区域削减}+C_{拟在建}-C_{现状}$（达标区）

B．$C_{叠加}=C_{本项目}-C_{区域削减}+C_{拟在建}+C_{现状}$（达标区）

C．$C_{叠加}=C_{本项目}-C_{区域削减}+C_{拟在建}+C_{规划}$（非达标区）

D．$C_{叠加}=C_{本项目}-C_{区域削减}+C_{拟在建}-C_{规划}$（非达标区）

22．污染物排放量核算应包括（　　）。

A．本项目新增污染源

B．本项目改、扩建污染源

C．区域污染源

D．拟建项目污染源

23．属于区域规划项目，不同规划年叠加现状浓度后，大气评价内容包括的有（　　）。

A．主要污染物保证率日均浓度

B．短期浓度

C．主要污染物保证率年均浓度

D．最大浓度占标率

24．某一级评价项目，厂界浓度超过大气污染物厂界浓度限值，应（　　）。

A．自厂界向外设置一定范围的大气环境防护区域

B．要求削减排放源强

C．调整工程布局

D．重新申请厂界浓度执行标准

25．下列属于大气评价结果中基本信息底图的内容有（　　）。

A．环境功能区划

B．环境空气保护目标

C．监测点位

D．比例尺

26．大气评价结果表达时，应在项目基本信息底图上标示的内容有（　　）。

A．项目边界

B．总平面布置

C．项目位置

D．环境空气保护目标

27．下列属于大气评价结果中达标评价结果表的内容有（　　）。

A．贡献浓度

B．现状浓度

C．占标率

D．年平均质量浓度

28．下列属于大气评价结果中网格浓度分布图的内容有（　　）。

A．日均浓度分布图　　B．年均浓度分布图

C．月均浓度分布图　　D．小时浓度分布图

29．下列属于大气评价结果中污染物排放量核算表的内容有（　　）。

A．有组织排放量　　B．无组织排放量

C．年排放量　　D．非正常排放量

30．下列属于大气环境一级评价结果图表的有（　　）。

A．基本信息底图　　B．项目基本信息图

C．网格浓度分布图　　D．大气环境防护区域图

31．下列属于大气环境二级评价结果图表的有（　　）。

A．基本信息底图　　B．项目基本信息图

C．污染物排放量核算表　　D．大气环境防护区域图

32．采用 AERMOD 模型进行大气预测，地面气象数据所需的要素有（　　）。

A．风速　　B．风向　　C．干球温度　　D．低云量

33．某项目所在评价区域近 20 年统计的全年静风（风速≤0.2 m/s）频率超过35%，环境影响评价时，可能用到的模型有（　　）。

A．AERSCREEN　　B．AERMOD　　C．ADMS　　D．CALPUFF

34．采用 AUSTAL2000 模型进行大气预测，地面气象数据所需的要素有（　　）。

A．风速　　B．风向　　C．干球温度　　D．相对湿度

35．采用 CALPUFF 模型进行大气预测，地面气象数据所需的要素有（　　）。

A．地面气压　　B．云量　　C．云底高度　　D．相对湿度

36．采用 CALPUFF 模型进行大气预测，高空气象数据所需的要素有（　　）。

A．气压　　B．离地高度　　C．干球温度　　D．风速

37．采用进一步预测模型考虑建筑物下洗时，需要输入的建筑物参数有（　　）。

A．建筑物高度　　B．建筑物角点横坐标

C．建筑物宽度　　D．建筑物方位角

38．CALPUFF 模型在考虑化学转化时，应输入下列（　　）现状浓度数据。

A．SO_2　　B．O_3　　C．NH_3　　D．NO_2

39．使用 AERMOD 模型计算考虑颗粒物湿沉降时，地面气象数据中需包括的参数有（　　）。

A．降雨类型　　B．降雨量　　C．相对湿度　　D．站点气压

40．大气环境影响预测与评价中地形数据应包含的参数有（　　）。

A．数据来源　　B．数据时间　　C．分辨率　　D．范围

41．大气环境影响预测与评价中污染治理设施与预防措施方案比选结果表应包含的参数有（　　）。

A．比选方案名称　　B．污染源排放方式

C．排放强度　　D．叠加后浓度

42．采用AERMOD模型的NO_2转化算法，可采用的方法有（　　）。

A．PVMRM　　B．OLM　　C．ARM2　　D．ARM1

43．大气环境影响预测与评价中基本附件应包含的内容有（　　）。

A．估算模型相关文件　　B．环境质量现状监测报告

C．气象、地形原始数据文件　　D．进一步预测模型相关文件

44．水污染影响型建设项目，地表水预测内容应包括的有（　　）。

A．各关心断面水质预测因子浓度及变化

B．到达水环境保护目标处污染物浓度

C．各污染物最大影响范围

D．排放口混合区范围

45．水库水文情势预测分析应包含的内容有（　　）。

A．水域形态　　B．径流条件　　C．水力条件　　D．冲淤变化

46．受纳水体环境质量不达标区的建设项目，水处理措施应满足（　　）。

A．水环境质量限期达标规划

B．污染防治可行技术指南中最佳可行技术

C．废水污染物达到最低排放强度和排放浓度

D．替代源的削减方案要求

47．下列属于地表水环境预测模型的有（　　）。

A．数学模型　　B．物理模型　　C．估算模型　　D．现场实测

48．水污染影响型建设项目，重点预测时期为（　　）。

A．水体自净能力最不利时期　　B．现状补充监测时期

C．水质状况相对较差的不利时期　　D．水体自净能力多年平均时期

49．对某排污企业进行水环境影响评价时，需考虑（　　）污染源强进行预测分析。

A．一类污染物的车间或车间处理设施排放口　　B．企业总排口

C．温排水排放口　　D．雨水排放口

50．某排污水企业需按照二级水污染影响型进行预测分析，运营期应预测（　　）工况对水环境影响。

A．正常排放　　B．非正常排放

C．事故排放　　D．只针对正常排放

51．下列属于水动力及水质模型中水质参数的有（　　）。

A．综合衰减系数　　B．扩散系数

C．耗氧系数　　D．复氧系数

52．下列作为地表水预测重点预测点位有（　　）。

A．常规监测点　　B．特征监测点

C．补充监测点　　D．水环境保护目标

E．控制断面

53．下列属于水污染影响型三级 B 评价项目主要评价内容的有（　　）。

A．水污染控制评价　　B．水环境影响减缓措施有效性评价

C．水环境影响评价　　D．依托污水处理设施可行性评价

54．根据《环境影响评价技术导则　地下水环境》，建设项目地下水环境影响预测方法包括（　　）。

A．数值法　　B．解析法　　C．均衡法　　D．时序分析

55．根据《环境影响评价技术导则　地下水环境》，预测方法的选取应根据（　　）来确定。

A．建设项目工程特征　　B．水文地质条件

C．评价等级　　D．资料掌握程度

56．根据《环境影响评价技术导则　地下水环境》，采用类比分析法时，类比分析对象与拟预测对象之间应满足下列（　　）要求。

A．二者的敏感保护目标相似

B．二者的环境水文地质条件、水动力场条件相似

C．二者的工程类型、规模对地下水环境的影响具有相似性

D．二者的特征因子对地下水环境的影响具有相似性

57．根据《环境影响评价技术导则　地下水环境》，采用解析模型预测污染物在含水层中的扩散时，一般应满足下列（　　）条件。

A．污染物的排放对地下水流场没有明显的影响

B．污染物的排放对地下水流场有明显的影响

C．评价区内含水层的基本参数变化很大

D．评价区内含水层的基本参数不变或变化很小

58．根据《环境影响评价技术导则　地下水环境》，关于不同地下水环境影响评价等级应采用的预测方法，说法错误的是（　　）。

A．一般情况下，一级评价应采用数值法

B．二级评价中水文地质条件复杂且适宜采用解析法

C．二级评价中，建议优先采用数值法

D．三级评价可采用回归分析、趋势外推、时序分析或类比预测法

59．根据《环境影响评价技术导则　地下水环境》，地下水环境影响预测模型

概化的内容有（　　）。

A．工程分析概化　　B．污染源概化

C．水文地质参数初始值的确定　　D．水文地质条件概化

60．根据《环境影响评价技术导则　地下水环境》，地下水环境影响预测时，水文地质条件概化应根据（　　）等因素进行。

A．环境保护敏感目标　　B．含水介质结构特征

C．边界性质　　D．地下水补、径、排条件

61．根据《环境影响评价技术导则　地下水环境》，地下水环境影响预测时，污染源概化按排放规律可概化为（　　）。

A．瞬时排放　　B．连续恒定排放

C．点源　　D．非连续恒定排放

62．根据《环境影响评价技术导则　地下水环境》，关于建设项目地下水环境影响评价的原则，下列说法错误的是（　　）

A．评价应以地下水环境现状调查和地下水环境影响预测结果为依据

B．对建设项目各实施阶段（建设期、运营期及服务期满后）不同环节及不同污染防控措施下的地下水环境影响进行评价

C．地下水环境影响预测未包括环境质量现状值时，无须叠加环境质量现状值可进行评价

D．必需评价建设项目对地下水水质的间接影响

63．根据《环境影响评价技术导则　地下水环境》，地下水预测采用数值法或解析法预测时，应先进行（　　）。

A．参数识别　　B．模型验证

C．适用条件判断　　D．地质条件判断

64．有机污染物在包气带中主要以（　　）存在，而且绝大多数有机污染物都属于挥发性有机污染物。

A．挥发态　　B．自由态　　C．溶解态　　D．固态

65．重金属在包气带中也存在迁移的过程，迁移形式主要是（　　）。

A．物理迁移　　B．化学迁移　　C．生物迁移　　D．自然迁移

66．为分析拟建项目对地下潜水层的污染，应关注（　　）。

A．污染途径　　B．选址合理性　　C．包气带特性　　D．防渗措施

67．渗透系数与（　　）因素有关。

A．粒度成分　　B．颗粒排列　　C．流体的黏滞性　　D．颗粒形状

68．地下水的污染途径类型有（　　）。

A．间歇入渗型　　B．连续入渗型　　C．越流型　　D．径流型

69．防止污染物进入地下水含水层的主要措施有（　　）。

A．防止土壤污染　B．工矿企业的合理布局

C．严禁用渗井排放污水　D．合理选择废物堆放场所

E．固体废物堆放场底应做防渗处理

70．下列哪些措施可以防止污染地下水？（　　）

A．限制地下水开采　B．建立卫生防护带

C．进行地下水水质动态监测　D．减少“三废”排放量

E．利用工程措施预防

71．地下水污染物的防治措施有（　　）。

A．地下水分层开采　B．划定饮用水地下水源保护区

C．工程防渗措施　D．合理规划布局

E．改进生产工艺

72．地下水污染源的种类包括（　　）。

A．不可清除的污染源　B．可清除的污染源

C．持续性污染源　D．降解性污染源

73．在声环境预测过程中遇到的声源往往是复杂的，需根据（　　）把声源简化成点声源，或线声源，或面声源。

A．声源的地理位置　B．声源的性质

C．预测点与声源之间的距离　D．设备的型号、种类

74．在下列（　　）情况下，声源可当作点声源处理。

A．预测点离开声源的距离比声源本身尺寸小得多时

B．声源中心到预测点之间的距离超过声源最大几何尺寸 2 倍时

C．声波波长远远小于声源几何尺寸

D．声波波长远远大于声源几何尺寸

75．对于等声级线图绘制，正确的说法是（　　）。

A．等声级线的间隔不大于 5 dB

B．等声级线的间隔不大于 10 dB

C．对于 L_{eq}，最低值与相应功能区夜间标准值一致，最高可画到 75 dB 的等声级线

D．对于 L_{WECPN}，一般应有 70 dB、75 dB、80 dB、85 dB 的等值线

E．对于 L_{eq}，一般需对应项目所涉及的声环境功能区的昼夜间标准值要求

76．根据《环境影响评价技术导则　生态影响》，下列（　　）不属于生态影响二级评价中的基本图件。

A．地表水系图　B．典型生态保护措施平面布置示意图

C．植被类型图　　D．生态监测布点图

E．土地利用现状图

77．根据《环境影响评价技术导则　生态影响》，下列（　　）不属于生态影响三级评价中的基本图件。

A．土地利用或水体利用现状图　　B．典型生态保护措施平面布置示意图

C．工程平面图　　D．主要评价因子的评价成果和预测图

E．特殊生态敏感区和重要生态敏感区空间分布图

78．根据《环境影响评价技术导则　生态影响》，下列（　　）属于生态影响各级评价中的基本图件。

A．项目区域地理位置图　　B．典型生态保护措施平面布置示意图

C．工程平面图　　D．地表水系图

E．土地利用现状图

79．根据《环境影响评价技术导则　生态影响》，下列（　　）属于生态影响一级评价中的推荐图件。

A．生态监测布点图　　B．水文地质图

C．地表水系图　　D．植被类型图

E．动植物资源分布图

80．根据《环境影响评价技术导则　生态影响》，下列（　　）属于生态影响二级评价中的推荐图件。

A．土地利用现状图　　B．植被类型图

C．地表水系图　　D．生态功能分区图

E．主要评价因子的评价成果和预测图

81．根据《环境影响评价技术导则　生态影响》，下列（　　）属于生态影响一、二级评价中的基本图件。

A．特殊生态敏感区和重要生态敏感区空间分布图

B．主要评价因子的评价成果和预测图

C．生态监测布点图

D．地表水系图

E．典型生态保护措施平面布置示意图

82．根据《环境影响评价技术导则　生态影响》，下列（　　）属于生态影响三级评价中的推荐图件。

A．土地利用现状图　　B．植被类型图

C．地表水系图　　D．地形地貌图

83．根据《环境影响评价技术导则　生态影响》，下列关于生态影响评价制图的

基本要求和方法，说法正确的是（ ）。

A．生态影响评价制图的工作精度一般不低于工程可行性研究制图精度

B．当涉及敏感生态保护目标时，应分幅单独成图，以提高成图精度

C．生态影响评价图件应符合专题地图制图的整饰规范要求

D．当成图范围过小时，可采用点线面相结合的方式，分幅成图

84．根据《环境影响评价技术导则 生态影响》，生态影响评价图件中的专题地图应包括（ ）、图名、成图时间等要素。

A．比例尺　B．方向标　C．图例

D．注记　E．制图数据源

85．根据《环境影响评价技术导则 生态影响》，在进行生态机理分析法时，下列（ ）是需要做的。

A．识别有无珍稀濒危物种及重要经济、历史、景观和科研价值的物种

B．调查环境背景现状和搜集工程组成和建设等有关资料

C．调查植物和动物分布，动物栖息地和迁徙路线

D．监测项目建成后该地区动物、植物生长环境的变化

86．根据《环境影响评价技术导则 生态影响》，在进行生态机理分析法时，下列（ ）是需要做的。

A．根据项目建设前后的环境变化，对照无开发项目条件下动物、植物或生态系统演替趋势

B．根据调查结果分别对植物或动物种群、群落和生态系统进行分析

C．预测项目对动物和植物个体、种群和群落的影响，并预测生态系统演替方向

D．种群源的持久性和可达性分析

87．根据《环境影响评价技术导则 生态影响》，生态机理分析法可以预测（ ）。

A．项目对动物个体、种群和群落的影响　B．项目对生态系统功能的评价

C．项目对植物个体的影响　D．生态系统演替方向

88．根据《环境影响评价技术导则 生态影响》，关于生态机理分析法的说法，下列说法正确的是（ ）。

A．该方法不能预测生态系统演替方向

B．该方法无须与其他学科合作评价，就能得出较为客观的结果

C．该方法需与生物学、地理学及其他多学科合作评价，才能得出较为客观的结果

D．评价过程中有时要根据实际情况进行相应的生物模拟试验

89．根据《环境影响评价技术导则 生态影响》，生态影响评价中，指数法可应用于（ ）。

A．生态系统功能评价　　　　　B．生态多因子综合质量评价
C．生态因子单因子质量评价　　D．生物多样性评价

90．根据《环境影响评价技术导则　生态影响》，生态影响评价中，关于指数法评价的说法正确的是（　　）。

A．单因子指数法可评价项目建设区的植被覆盖现状情况
B．单因子指数法不可进行生态因子的预测评价
C．综合指数法需根据各评价因子的相对重要性赋予权重
D．综合指数法中对各评价因子赋予权重有一定难度，带有一定的人为因素

91．根据《环境影响评价技术导则　生态影响》，生态影响评价中，下列（　　）是综合指数法评价要求做的。

A．分析研究评价的生态因子的性质及变化规律
B．建立表征各生态因子特性的指标体系
C．确定评价标准
D．建立评价函数曲线
E．根据各评价因子的相对重要性赋予权重

92．根据《环境影响评价技术导则　生态影响》，生态影响评价中，综合指数法需建立评价函数曲线，对于无明确标准的生态因子，须根据（　　）选择相应的环境质量标准值，再确定上、下限。

A．评价目的　　B．评价要求　　C．评价依据　　D．环境特点

93．根据《环境影响评价技术导则　生态影响》，生态影响评价中，类比分析法可应用于（　　）。

A．进行生态影响识别和评价因子筛选
B．以原始生态系统作为参照，可评价目标生态系统的质量
C．进行生态影响的定量分析与评价
D．进行某一个或几个生态因子的影响评价
E．预测生态问题的发生与发展趋势及其危害

94．根据《环境影响评价技术导则　生态影响》，生态影响评价中，类比分析法可应用于（　　）。

A．确定环保目标和寻求最有效、可行的生态保护措施
B．预测生态问题的发生与发展趋势及其危害
C．进行生态影响的定性分析与评价
D．以原始生态系统作为参照，可评价目标生态系统的质量

95．根据《环境影响评价技术导则　生态影响》，生态影响评价中，类比分析法类比对象的选择条件是（　　）。

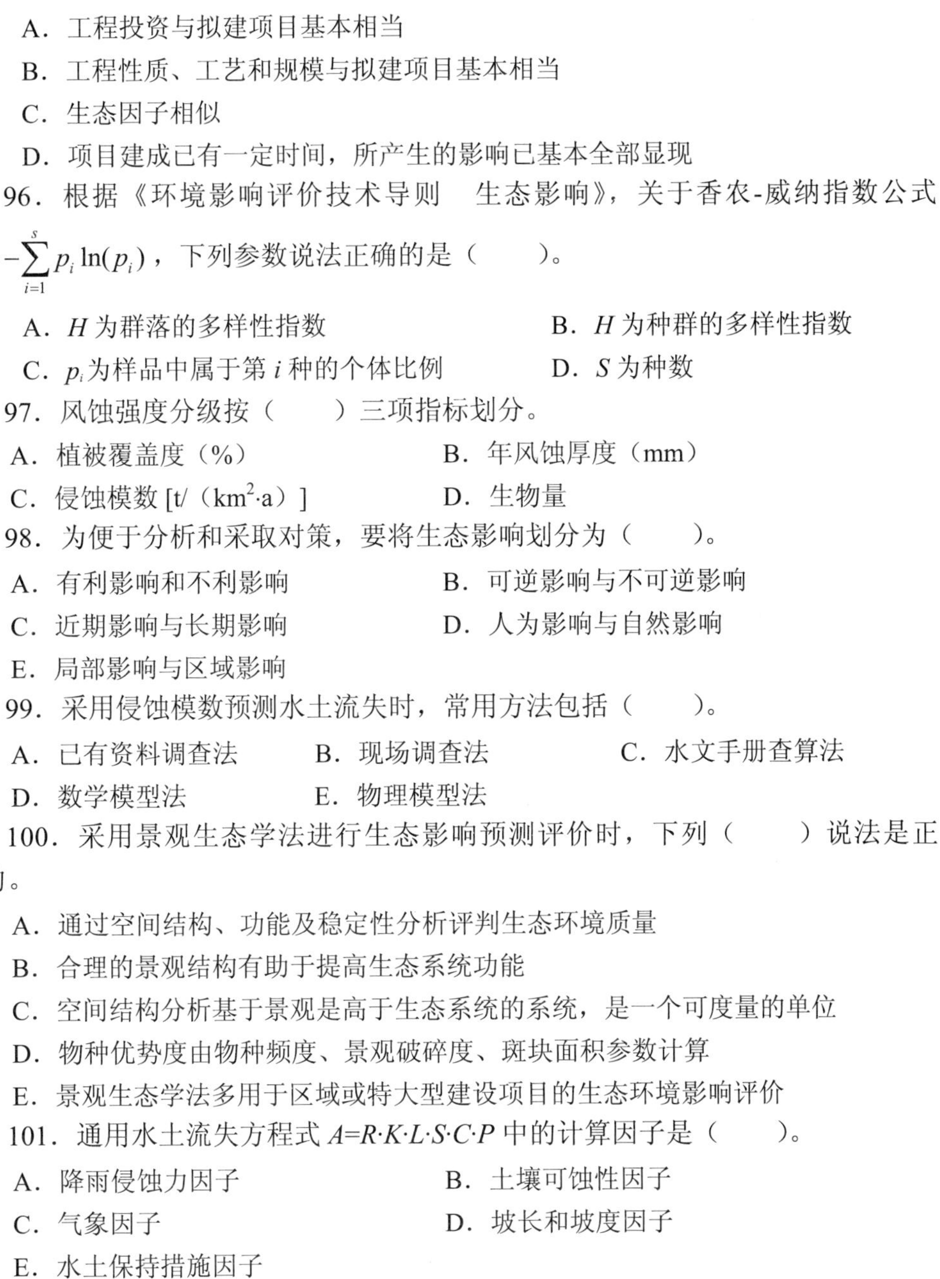

A．工程投资与拟建项目基本相当

B．工程性质、工艺和规模与拟建项目基本相当

C．生态因子相似

D．项目建成已有一定时间，所产生的影响已基本全部显现

96．根据《环境影响评价技术导则　生态影响》，关于香农-威纳指数公式 $H=-\sum_{i=1}^{s} p_i \ln(p_i)$，下列参数说法正确的是（　　）。

A．H 为群落的多样性指数　　B．H 为种群的多样性指数

C．p_i 为样品中属于第 i 种的个体比例　　D．S 为种数

97．风蚀强度分级按（　　）三项指标划分。

A．植被覆盖度（%）　　B．年风蚀厚度（mm）

C．侵蚀模数 [t/（km^2·a）]　　D．生物量

98．为便于分析和采取对策，要将生态影响划分为（　　）。

A．有利影响和不利影响　　B．可逆影响与不可逆影响

C．近期影响与长期影响　　D．人为影响与自然影响

E．局部影响与区域影响

99．采用侵蚀模数预测水土流失时，常用方法包括（　　）。

A．已有资料调查法　　B．现场调查法　　C．水文手册查算法

D．数学模型法　　E．物理模型法

100．采用景观生态学法进行生态影响预测评价时，下列（　　）说法是正确的。

A．通过空间结构、功能及稳定性分析评判生态环境质量

B．合理的景观结构有助于提高生态系统功能

C．空间结构分析基于景观是高于生态系统的系统，是一个可度量的单位

D．物种优势度由物种频度、景观破碎度、斑块面积参数计算

E．景观生态学法多用于区域或特大型建设项目的生态环境影响评价

101．通用水土流失方程式 $A=R \cdot K \cdot L \cdot S \cdot C \cdot P$ 中的计算因子是（　　）。

A．降雨侵蚀力因子　　B．土壤可蚀性因子

C．气象因子　　D．坡长和坡度因子

E．水土保持措施因子

102．关于水体富营养化的说法，正确的是（　　）。

A．富营养化是一个动态的复杂过程

B．富营养化只与水体磷的增加相关

C．水体富营养化主要指人为因素引起的湖泊、水库中氮、磷增加对其水生生

态产生不良的影响

D．水体富营养化与水温无关

E．富营养化与水体特征有关

103．在稳定状况下，湖泊总磷的浓度与（　　）因子有关。

A．湖泊水体积　　B．湖水深度　　C．输入与输出磷

D．年出湖水量　　E．湖泊海拔

104．风力侵蚀的强度分级按（　　）指标划分。

A．植被覆盖度　　B．年风蚀厚度　　C．生物生产量　　D．侵蚀模数

105．表达水土流失的定量指标有（　　）。

A．侵蚀模数　　B．侵蚀类型　　C．侵蚀面积　　D．侵蚀量

106．Carlson 的营养状况指数法预测富营养化，其认为湖泊中总磷与（　　）之间存在一定的关系。

A．年出湖水量　　B．透明度　　C．输入与输出磷　　D．叶绿素 a

107．固体废物按其污染特性可分为（　　）。

A．农业固体废物　　B．一般废物　　C．工业固体废物

D．危险废物　　E．城市固体废物

108．固体废物按其来源可分为（　　）。

A．农业固体废物　　B．工业固体废物　　C．一般废物

D．危险废物　　E．城市固体废物

109．固体废物填埋场渗滤液来源有（　　）。

A．降水　　B．地表水

C．地下水　　D．填埋场中的废物含有的水

110. 固体废物填埋场污染物在衬层和包气带土层中的迁移速度受下列哪些因素的影响？（　　）

A．地下水的运移速度　　B．地表径流的运移速度

C．土壤堆积容重　　D．土壤—水体系中的吸附平衡系数

E．多孔介质的有效空隙度

111．固体废物可以通过（　　）危害人类健康。

A．大气环境　　B．食物链　　C．声环境

D．土壤环境　　E．水环境

112．下列关于固体废物致人疾病途径的说法，正确的是（　　）。

A．处置堆存填埋固体废物可以通过地下水的间接饮用使人致病

B．污水处理厂的污泥作为肥料通过农作物可使人致病

C．固体废物的堆肥产品通过农作物可使人致病

D．固体废物的焚烧产生的二次污染物可使人致病

E．固体废物直接倒入江河湖泊影响水生生物，食用水生生物后可使人致病

113．一般情况，下列（　　）属于“年轻”填埋场的渗滤液的水质特点。

A．各类重金属离子浓度较高　　B．BOD_5 及 COD 浓度较低

C．pH 较低　　D．色度大

E．BOD_5/COD 的比值较低

114．城市垃圾填埋场产生的气体主要为（　　）。

A．氨气　B．二氧化碳　C．硫化物　D．氮气　E．甲烷

115．下列关于垃圾填埋场产生的气体，说法错误的有（　　）。

A．接受工业废物的垃圾填埋场产生的气体中可能含有微量挥发性有毒气体

B．城市垃圾填埋场产生的气体主要为甲烷和二氧化碳

C．垃圾填埋场产生的微量气体很小，成分也不多

D．城市垃圾填埋场产生的气体主要为氮气和氨气

116．一般情况，属“年老”填埋场的渗滤液的水质特点的是（　　）。

A．各类重金属离子浓度开始下降　　B．BOD_5 及 COD 浓度较低

C．pH 接近中性或弱碱性　　D．NH_4^+-N 的浓度较高

E．BOD_5/COD 的比值较高

117．下列关于运行中的垃圾填埋场对环境的主要影响，说法正确的有（　　）。

A．流经填埋场区的地表径流可能受到污染

B．填埋场滋生的昆虫、啮齿动物以及在填埋场的鸟类和其他动物可能传播疾病

C．填埋场工人生活噪声对公众产生一定的影响

D．填埋作业及垃圾堆体可能造成滑坡、崩塌、泥石流等地质环境影响

E．填埋场产生的气体排放可能发生的爆炸对公众安全的威胁

118．下列关于运行中的垃圾填埋场对环境的主要影响，说法正确的有（　　）。

A．填埋场的存在对周围景观没有不利影响

B．填埋场垃圾中的塑料袋、纸张以及尘土等在未来得及覆土压实情况下可能飘出场外，造成环境污染和景观破坏

C．填埋场渗滤液泄漏或处理不当对地下水及地表水造成污染

D．填埋场产生的气体排放对大气产生污染、对公众健康有一定的危害

E．填埋场机械噪声对公众有一定的影响

119．垃圾填埋场水环境影响预测与评价的主要工作内容有（　　）。

A．正常排放对地表水的影响　　B．正常排放对地下水的影响

C．非正常渗漏对地下水的影响　　D．非正常渗漏对地表水的影响

120．垃圾填埋场场址选择评价的重点是场地的（　　）。

A．工程的区位条件　　B．水文地质条件

C．工程地质条件　　D．土壤自净能力

121．垃圾填埋场大气环境影响预测及评价的主要内容是（　　）。

A．释放气体对环境的影响　　B．机械噪声、振动对环境的影响

C．渗滤液对环境的影响　　D．恶臭对环境的影响

122．垃圾填埋场污染防治措施主要内容包括（　　）。

A．除尘脱硫措施　　B．减振防噪措施

C．渗滤液的治理和控制措施以及填埋场衬里破裂补救措施

D．释放气的导排或综合利用措施以及防臭措施

123．垃圾焚烧厂的废气产生的主要污染物有（　　）。

A．粉尘（颗粒物）　　B．酸性气体（HCl、HF、SO_x等）

C．重金属（Hg、Pb、Cr等）　　D．二噁英　　E．恶臭气体

124．关于建设项目土壤环境影响预测评价，以下说法正确的是（　　）。

A．重点预测对占地范围内土壤的累积影响

B．重点预测评价建设项目对占地范围外土壤环境敏感目标的累积影响

C．兼顾对占地范围内的土壤的影响预测

D．重点预测评价园区外土壤环境敏感目标的累积影响

125．根据《环境影响评价技术导则　土壤环境（试行）》，建设项目导致土壤（　　）等影响的，可根据土壤环境特征，结合建设项目特点，分析土壤环境可能受到影响的范围和程度。

A．潜育化　　B．盐化　　C．沼泽化　　D．潴育化

126．可能造成土壤（　　）影响的建设项目，分别选取土壤盐分含量、pH 值等作为预测因子。

A．潴育化　　B．盐化　　C．酸化　　D．碱化

127．二级评价的污染影响型建设项目，占地范围内还应根据（　　）等分析其可能影响的深度。

A．土体构型　　B．地下水位埋深　　C．土壤质地　　D．饱和导水率

128．某项目土壤环境影响评价等级为三级，可采用（　　）进行预测。

A．定性描述　　B．类比分析法

C．一维非饱和溶质运移模型　　D．综合评分法

129．根据《环境影响评价技术导则　土壤环境（试行）》，以下情况可得出污染影响型建设项目土壤环境影响可接受的结论的是（　　）。

A．项目各不同阶段，土壤环境敏感目标处且占地范围内各评价因子均满足 GB 15618、GB 36600，或附录 D、附录 F 中相关标准要求的

B．运营期出现土壤盐化的问题，但采取防控措施后，可满足相关标准要求的

C．各不同阶段，土壤环境敏感目标处或占地范围内有个别点位、层位或评价因子出现超标，但采取必要措施后，可满足 GB 15618、GB 36600 或其他土壤污染防治相关管理规定的

D．各不同阶段，土壤环境敏感目标处或占地范围内各点位、层位或评价因子均未出现超标

130．根据《环境影响评价技术导则　土壤环境（试行）》，以下情况不能得出建设项目土壤环境影响可接受的结论的是（　　）。

A．生态影响型建设项目，未出现或加重土壤盐化、酸化、碱化等问题

B．生态影响型建设项目土壤盐化对预测评价范围内土壤原有生态功能造成重大不可逆影响

C．化工项目运营期，土壤环境敏感目标处评价因子出现超标，采取必要措施后，仍无法满足土壤污染防治相关管理规定的

D．造纸项目占地范围内某个点位评价因子出现超标，采取必要措施后，仍无法满足土壤污染防治相关管理规定

131．土壤中某种物质的输出量主要包括（　　）。

A．淋溶或径流排出　　B．植物吸收量

C．有机物挥发　　D．土壤缓冲消耗

132．关于公式 $\Delta S=n(I_S-L_S-R_S)/(\rho_b\times A\times D)$，以下说法正确的是（　　）。

A．涉及大气沉降的，可不考虑 L_S、R_S

B．ΔS 的单位为 g/kg 或 mmol/kg

C．I_S 表示预测评价范围内单位年份表层土壤中某种物质的输入量

D．D 一般取 0.2 m

133．一维非饱和溶质垂向运移控制方程的初始条件为（　　）。

A．$t>0$，$z=0$　　B．$c(z,t)=c_0$

C．$c(z,t)=0$　$t=0$　　D．$L\leqslant z<0$

134．关于一维非饱和溶质垂向运移控制方程的边界条件的说法正确的有（　　）。

A．边界条件有三类　　B．Dirichlet 边界条件适用于连续点源情景

C．第一类为 Dirichlet 边界　　D．第二类为 Neumann 零梯度边界

135．土壤盐化主要影响因素有（　　）。

A．地下水位埋深　　B．干燥度　　C．土壤本底含盐量

D．地下水溶解性总固体　　E．土壤质地

136．根据土壤盐化预测表，土壤盐化综合评分预测结果有（　　）。

A．未盐化　　B．极轻度盐化　　C．轻度盐化　　D．重度盐化

参考答案

一、单项选择题

1. A 【解析】导则 B.6.1 原文："当项目周边 3 km 半径范围内一半以上面积属于城市建成区或者规划区时，选择城市，否则选择农村。"

2. D 【解析】等效排气筒虽然在新的大气导则中没有此方面的要求，但笔者认为仍属技术方法的内容。据《大气污染物综合排放标准》(GB 16297—1996)，两个排放相同污染物（不论其是否由同一生产工艺过程产生）的排气筒，若其距离小于其几何高度之和，应合并视为一根等效排气筒。若有三根以上的近距离排气筒，且排放同一种污染物时，应以前两根的等效排气筒，依次与第三根、第四根排气筒取等效值，等效排气筒的有关参数按下式公式计算：

等效排气筒污染物排放速率计算公式：

$$Q = Q_1 + Q_2$$

式中：Q——等效排气筒某污染物排放速率，kg/h；

Q_1，Q_2——等效排气筒 1 和排气筒 2 的某污染物的排放速率，kg/h。

等效排气筒高度计算公式：

$$h = \sqrt{\frac{1}{2}\left(h_1^2 + h_2^2\right)}$$

式中：h——等效排气筒高度，m；

h_1，h_2——排气筒 1 和排气筒 2 的高度，m。

3. C 【解析】$h = \sqrt{\frac{1}{2}\left(24^2 + 30^2\right)} = \sqrt{738} \approx 27.2\,\text{m}$

4. B 【解析】要判断本题的答案，首先要知道 SO_2、NO_2 小时平均浓度二级标准值（0.5 mg/m^3 和 0.24 mg/m^3），其次要知道占标率的计算公式。

5. B 【解析】根据导则，二级评价项目不进行进一步预测与评价，只对污染物排放量进行核算；三级评价项目不进行进一步预测与评价。

6. B 【解析】预测范围应覆盖评价范围，并覆盖各污染物短期浓度贡献值占标率大于 10%的区域。

7. C 【解析】需预测二次污染物的项目，预测范围应覆盖 $PM_{2.5}$ 年平均质量浓度贡献值占标率大于 1%的区域。

8. D 【解析】CALPUFF 适用于模拟岸边熏烟现象污染物浓度。

9. C 【解析】区域光化学网格模型适用于模拟复杂化学反应。

10. D 【解析】烟塔合一源利用 AUSTAL2000 进行预测。

11. A 【解析】EDMS/AEDT 适用于机场源模型预测。

12. C 【解析】当项目评价基准年内存在风速≤0.5 m/s 的持续时间超过 72 h 时，应采用 CALPUFF 模型进行进一步模拟。

13. D 【解析】如果存在岸边熏烟，并且估算的最大 1 h 平均质量浓度超过环境质量标准，应采用 CALPUFF 模型进行进一步模拟。

14. C 【解析】当项目近 20 年统计的全年静风（风速≤0.2 m/s）频率超过 35% 时，应采用 CALPUFF 模型进行进一步模拟。

15. D 【解析】导则附录 A.2 内容。

16. C 【解析】导则附录 A.2 内容。

17. C 【解析】导则附录 A.2 内容。

18. C 【解析】导则附录 B.2 内容。

19. A 【解析】导则附录 B.3 内容。

20. A 【解析】导则附录 B.3 内容。

21. B 【解析】导则附录 B.4 内容。

22. C 【解析】导则附录 B.5 内容。

23. C 【解析】导则附录 B.6 内容。

24. D 【解析】导则附录 B.6 内容。

25. D 【解析】导则附录 B.6 内容。

26. D 【解析】导则附录 B.6 内容。

27. C 【解析】导则附录 B.3 内容。

28. B 【解析】导则附录 A.2 内容。

29. C 【解析】规划项目 SO_2+NO_2 的年总排放量≥2 000 时，利用网格模型预测 $PM_{2.5}$ 对环境的影响。

30. B 【解析】导则附录 A.2 内容。

31. B 【解析】导则附录 D 对于河流，$DO_f = 468/(31.6+T)$。

32. A 【解析】导则附录 E E.2 零维数学模型，E.2.3 狄龙模型。

33. C 【解析】导则附录 E E.6 平面二维数学模型适用于模拟预测物质在宽浅水体（大河、湖库、入海河口及近岸海域）中，在垂向均匀混合的状况。

34. B 【解析】导则 E.5 垂向一维数学模型适用于模拟预测水温在面积较小、水深较大的水库或湖泊水体中，除太阳辐射外没有其他热源交换的状况。

35. D 【解析】导则 7.6.3.2 水动力模型及水质模型。a）河流数学模型。河流数学模型选择要求见表 4。

36. D 【解析】导则 7.10.2.2 应覆盖预测范围内的所有与建设项目排放污染

物相关的污染源或污染源负荷占预测范围总污染负荷的比例超过 95%。

37. B 【解析】导则 8.3.3.1 直接排放建设项目污染源排放量核算应在满足 8.2.2 的基础上，遵循以下原则要求：c）当受纳水体为河流时，不受回水影响的河段，建设项目污染源排放量核算断面位于排放口下游，与排放口的距离应小于 2 km。

38. D 【解析】导则 E.2.1 河流均匀混合模型（200 mg/L×300 m^3/h+ 10 mg/L×5 000 m^3/h）/（300 m^3/h+ 5 000 m^3/h）=20.75 mg/L。

39. A 【解析】导则 7.7.2 河流水域概化要求：a）预测河段及代表性断面的宽深比≥20 时，可视为矩形河段；b）河段弯曲系数＞1.3 时，可视为弯曲河段，其余可概化为平直河段。

40. A 【解析】导则 E.3.2.1 连续稳定排放。根据河流纵向一维水质模型方程的简化、分类判别条件（即 O’Connor 数α和贝克莱数 Pe 的临界值），选择相应的解析解公式。当α≤0.027、Pe≥1 时，适用对流降解模型；当α≤0.027、Pe＜1 时，适用对流扩散降解简化模型；当 0.027＜α≤380 时，适用对流扩散降解模型。

41. B 【解析】导则 E.3.2.1 连续稳定排放。根据河流纵向一维水质模型方程的简化、分类判别条件（即 O’Connor 数α和贝克莱数 Pe 的临界值），选择相应的解析解公式。当α≤0.027、Pe≥1 时，适用对流降解模型；当α≤0.027、Pe＜1 时，适用对流扩散降解简化模型；当 0.027＜α≤380 时，适用对流扩散降解模型。

42. C 【解析】导则 E.3.2.1 连续稳定排放 根据河流纵向一维水质模型方程的简化、分类判别条件（即 O’Connor 数α和贝克莱数 Pe 的临界值），选择相应的解析解公式。当α≤0.027、Pe≥1 时，适用对流降解模型；当α≤0.027、Pe＜1 时，适用对流扩散降解简化模型；当 0.027＜α≤380 时，适用对流扩散降解模型。

43. B 【解析】导则 8.3.3.1 直接排放建设项目污染源排放量核算应在满足 8.2.2 的基础上，遵循以下原则要求：e）遵循地表水环境质量底线要求，主要污染物（化学需氧量、氨氮、总磷、总氮）需预留必要的安全余量。安全余量可按地表水环境质量标准、受纳水体环境敏感性等确定：受纳水体为 GB 3838 Ⅲ类水域，以及涉及水环境保护目标的水域，安全余量按照不低于建设项目污染源排放量核算断面（点位）处环境质量标准的 10%确定（安全余量≥环境质量标准×10%）。

44. C 【解析】导则 E.3.2.1 连续稳定排放。根据河流纵向一维水质模型方程的简化、分类判别条件（即 O’Connor 数α和贝克莱数 Pe 的临界值），选择相应的解析解公式。$\alpha=kEx/u^2$，Pe= uB/Ex（Ex 是污染物纵向扩散系数，m^2/s）。

45. B 【解析】导则 E.3.2.1 连续稳定排放。当α≤0.027、Pe≥1 时，适用对流降解模型：$C=C_0\exp\left(-\frac{kx}{u}\right)$，即=10 mg/L×$\exp\left(-\frac{0.000\,05/\text{s}\times 2\,000\ \text{m}}{1.0\ \text{m/s}}\right)$=10 mg/L×0.9=

9 mg/L。

46. D 【解析】导则 E.1 混合过程段长度估算公式：

$$L_m = 0.11 + 0.7\left[0.5 - \frac{a}{B} - 1.1\left(0.5 - \frac{a}{B}\right)^2\right]^{1/2}\frac{uB^2}{E_y}$$

位于河流中心线同侧的排污口，距离岸边距离越近，混合段长度越长。α =0 m，L_0=0.11+0.33$\frac{uB^2}{E_y}$；L_1=0.11，据此，距离岸边越近，混合段越长。

47. A 【解析】导则 7.10.1.1 河流、湖库设计水文条件要求：a）河流不利枯水条件宜采用 90%保证率最枯月流量或近 10 年最枯月平均流量；流向不定的河网地区和潮汐河段，宜采用 90%保证率流速为零时的低水位相应水量作为不利枯水水量；湖库不利枯水条件应采用近 10 年最低月平均水位或 90%保证率最枯月平均水位相应的蓄水量，水库也可采用死库容相应的蓄水量。其他水期的设计水量则应根据水环境影响预测需求确定。

48. D 【解析】导则 7.8.1.1 水文数据。水文数据应采用水文站点实测数据或根据站点实测数据进行推算，数据精度应与模拟预测结果精度要求匹配。河流、湖库建设项目水文数据时间精度应根据建设项目调控影响的时空特征，分析典型时段的水文情势与过程变化影响，涉及日调度影响的，时间精度宜不小于小时平均。感潮河段、入海河口及近岸海域建设项目应考虑盐度对污染物运移扩散的影响，一级评价时间精度不得低于 1 h。

49. D 【解析】导则 7.8.1.3 水下地形数据。采用数值解模型时，原则上应采用最新的现有或补充测绘成果，水下地形数据精度原则上应与工程设计保持一致。建设项目实施后可能导致河道地形改变的，如疏浚及堤防建设以及水底泥沙淤积造成的库底、河底高程发生的变化，应考虑地形变化的影响。

50. B　51. D

52. C 【解析】建设项目地下水环境影响预测方法包括数学模型法和类比分析法。其中，数学模型法包括数值法、解析法等方法。一般情况下，一级评价应采用数值法，不宜概化为等效多孔介质的地区除外；二级评价中水文地质条件复杂且适宜采用数值法时，建议优先采用数值法；三级评价可采用解析法或类比分析法。

53. B 【解析】非正常状况下，预测源强可根据工艺设备或地下水环境保护措施因系统老化或腐蚀程度等设定。

54. D 【解析】选项 D 的内容是旧导则的要求，对于 2016 年版的导则，不管是哪级评价，预测所需的包气带垂向渗透系数、含水层渗透系数、给水度等参数初始值的获取应以收集评价范围内已有水文地质资料为主，不满足预测要求时需通过现场试验获取。

55. A 56. C 57. A 58. B

59. B 【解析】标准指数>1，表明该水质因子已超标，标准指数越大，超标越严重。

60. B 61. D 62. A 63. A 64. C 65. A 66. B 67. D 68. C

69. B 【解析】此题是一个噪声级（分贝）的相加问题。用公式法相加。

$$L = 10\lg(10^{84/10} + 10^{82/10} + 10^{86/10} + 10^{89/10}) = 10\lg 1602113367.7 = 92 \quad (\text{dB})$$

70. C 【解析】吊扇单独工作时声压级为：

$L_1 = 20\lg\dfrac{0.002}{2\times10^{-5}} = 20\times2 = 40$ dB；电冰箱声压级 $L_2 = 46$ dB；$L_2 - L_1 = 6$ dB，所以 $\Delta L = 1$ dB；则两者同时工作时 $L = 46 + 1 = 47$ dB。

71. D 【解析】由于 73 − 72 = 1 dB，则另一声源声压级 = 72 − 6 = 66 dB。

72. C

73. B 【解析】根据点声源衰减公式 $\Delta L = 20\lg(r/r_0)$，$100 - 60 = 20\lg(r/1)$，r=100 m。

74. A 75. D

76. C 【解析】根据题中给的条件按点源处理。L（30）=L（3）− 20 lg（30/3）= 85 − 20 × 1=65 dB。

77. D 【解析】要达标，则衰减值应为 30 dB，30=20lg（r/3），$r \approx 95$ m。

78. C 【解析】此题是一个噪声级（分贝）的相加问题。有两种方法解此题，一种是通过查表法，查表法在考试时不提供，但有两个数字是需记住，一是声压级差为 0 时（相同的声压级），增值 3 dB；二是两声压级差为 6 时，增值 1 dB，从题中可知只有 C 选项符合题干。另一种是用公式法计算。

$$\boldsymbol{L} = 10\lg(10^{66/10} + 10^{60/10}) = 10\lg(10^{6.6} + 10^{6}) = 10\lg 4981071.7 = 67 \ (\text{dB})$$

79. C 【解析】根据点声源衰减公式计算，

20 lg（r_1/r_2）=20 lg（10/30）=−20 lg 3= − 9.5 dB。

80. A 【解析】2009 年考题。球磨机、水泵发出的噪声贡献值相加后为 45 dB（A），与 60 dB（A）相差较大，因此，采取的噪声控制措施主要针对风机排气，可以排除 C 和 D 选项。引风机排气口为室外声源，加消声器效果更佳。

81. D 【解析】当 r/l<1/10 时，可视为无限长线声源，其计算公式为：10 lg（r_1/r_2）=10 lg（10/30）=−10 lg3=−4.8 dB。

82. A 【解析】该题是一个有限长线声源的题目。按《环境影响评价技术导

则　声环境》有三种简化计算方式。当 $r<l_0/3$ 且 $r_0<l_0/3$ 时，按无限长线声源处理。此题 20＜500/3 且 40＜500/3，因此可按无限长线声源衰减公式计算：居民楼的声压级 L_p（40）$=L_p$（20）$-10\lg$（40/20）=90−3=87 dB。

83．C　【解析】该题也是一个有限长线声源的题目。按《环境影响评价技术导则　声环境》，当 $r>l_0$ 且 $r_0>l_0$ 时，按点声源处理。此题 600＞500 且 1 200＞500，因此可按点声源衰减公式计算：该疗养院的声压级 L_p（1 200）$=L_p$（600）$-20\times\lg$（1 200/600）=70−6=64 dB。

84．B　【解析】该题也是一个有限长线声源的题目。按《环境影响评价技术导则　声环境》，当 $l_0/3<r<l_0$ 且 $l_0/3<r_0<l_0$ 时，按 $L_p(r)=L_p(r_0)-15\lg(r/r_0)$ 计算。此题 600/3＜250＜600 且 600/3＜500＜600，因此可按上述公式计算：该居民楼的声压级 L_p（500）$=L_p$（250）$-15\lg$（500/250）=65−4.5=60.5 dB。

85．D　【解析】$2r$ 处比 r 处衰减值为 3 dB，符合无限长线声源的计算公式。

86．C　【解析】$L_{w2}=L_2(T)+10\lg S=90-15+10\lg 20=88$ dB（A）。

87．D　88．B　89．C　90．D　91．B

92．A　【解析】88～92 题。

第一步：据噪声合成公式（此公式是要记住的）计算合成声压级：

$$L_{P_T}=10\lg\left(\sum_{i=1}^{n}10^{\frac{L_{P_i}}{10}}\right)$$（跟参考教材是一样的，只是表达不同）

式中：L_{P_T}——某预测点叠加后的总声压级，dB（A）;

L_{P_i}——i 声源对某预测点的贡献声压级，dB（A）。

此题只是计算锅炉房 3 台风机合成后的贡献噪声级。

表 3　新增设备噪声等级及合成声压级

噪声源	声源设备名称	台数	噪声等级/dB（A）	合成声压级/dB（A）
车间 A	印花机	1 套	85	85
锅炉房	风机	3 台	90	94.77

第二步：根据题中给的公式，预测各受声点的噪声值。

比如车间 A 在厂界东 160 m 处的声压级=85 − 20 × lg 160 − 8 − 10=22.9 dB（A）

锅炉房在厂界东 250 m 处的声压级=94.77 − 20 × lg 250 − 8 − 10= 28.8 dB（A）

其他两个值依此类推。

第三步：计算厂界东和厂界南受车间 A 印花机和锅炉房风机的共同影响的合成声压贡献值，29.79 是由 22.9 和 28.8 合成计算的，41.6 是由 31.4 和 41.2 合成的。

表4 噪声预测结果

噪声源 \ 预测值/dB（A）	厂界东	厂界南
	离声源距离/m	
车间A	160 22.9	60 31.4
锅炉房	250 28.8	60 41.2
贡献累积值	29.79	41.63

第四步：叠加背景值与标准对比。比如厂界东叠加背景值的59.80 dB（A）是由现状值59.8 dB（A）和预测贡献值29.79 dB（A）相加而成。

表5 建设项目建设前后受声点噪声值 单位：dB（A）

时段	受声点	现状值	贡献值	叠加值	是否超标
昼间	厂界东	59.8	29.79	59.80	不超标
	厂界南	53.7	41.63	53.96	不超标
夜间	厂界东	41.3	29.79	41.60	不超标
	厂界南	49.7	41.63	50.33	超标

2类区域执行昼间60 dB（A），夜间50 dB（A）。

说明：此题是一个实例环评的简化，只用了两个公式，一是相加的公式，一是题目给的随距离衰减的公式（比教材稍复杂，接近实务）。但只要掌握了上述基本方法，即使预测的公式可能有不同，思路也基本一致。

如果题中没有给出点声源衰减公式，那就按教材中给出的点声源衰减公式计算，此公式是要求记住的。

93．A 94．B 95．C 96．D

97．B 【解析】对于成图比例尺的规范要求并不是每个比例尺都要记住，但对于该表的共性的东西还是需要掌握。无论成图面积多大，一级和二级评价的成图比例尺的要求是一样的，三级评价因要求低，成图比例尺可以小点。

98．A

99．C 【解析】该题虽然没有告诉属哪级评价，无论哪级评价其生态评价成图比例尺应≥1∶25万，这个特殊情况要记住。从项目长度为120 km来看，该项目的评价等级应该是一级或二级。

100．D 101．D

102．A 【解析】生态学原理很多，比如生态学的普适性原理以及生态系统规律可以用于解释分析一定的因果关系，这就是生态机理分析法的优势所在。

103．C 104．B 105．B

106．D 【解析】香农-威纳指数用以表达生物多样性的一种方法，在香农-威纳多样性指数计算公式中，包含两个因素影响生物多样性的大小：① 种类数目，即丰富度；② 种类中个体分配上的平均性或均匀性。种类数目多，可增加多样性；同样，种类之间个体分配的均匀性增加也会使多样性提高。

107．C 【解析】参考《土壤侵蚀分类分级标准》中相关内容。

108．B 109．B 110．C 111．D 112．C

113．B 【解析】TP 浓度＜10 mg/m^3，为贫营养；10～20 mg/m^3，为中营养；＞20 mg/m^3，为富营养。

114．C 【解析】TSI＜40，为贫营养；40～50，为中营养；＞50，为富营养。

115．C 116．D

117．A 【解析】参考《土壤侵蚀分类分级标准》。

118．B 119．D 120．A 121．D 122．A 123．B

124．D 【解析】垃圾填埋场渗滤液通常可根据填埋场“年龄”分为两大类：①“年轻”填埋场（填埋时间在 5 年以下）渗滤液的水质特点是，pH 值较低，BOD_5 和 COD 浓度较高，色度大，且 BOD_5/COD 的比值较高，同时各类重金属离子浓度也较高（因为较低的 pH 值）；②“年老”的填埋场（填埋时间一般在 5 年以上）渗滤液的主要水质特点是，pH 值接近中性或弱碱性（一般在 6 ~ 8），BOD_5 和 COD 浓度较低，且 BOD_5/COD 的比值较低，而 NH_4^+-N 的浓度高，重金属离子浓度则开始下降（因为此阶段 pH 值开始下降，不利于重金属离子的溶出），渗滤液的可生化性差。

125. B 126. B 127. A 128. C 129. A 130. D 131. B 132. D 133. C 134. A

135. A 【解析】导则 8.2 原文：“预测评价范围一般与现状调查评价范围一致。”

136．A 【解析】导则 8.1.3 原文：“应重点预测评价建设项目对占地范围外土壤环境敏感目标的累积影响，并根据建设项目特征兼顾对占地范围内的影响预测。”

137．B 【解析】导则 8.1.4 原文：“土壤环境影响分析可定性或半定量地说明建设项目对土壤环境产生的影响及趋势。”

138．B 【解析】导则 8.1.5 原文：“建设项目导致土壤潜育化、沼泽化、潴育化和土地沙漠化等影响的，可根据土壤环境特征，结合建设项目特点，分析土壤环境可能受到影响的范围和程度。”

139．D 【解析】导则 8.3 原文：“根据建设项目土壤环境影响识别结果，确定重点预测时段。”

140．B 【解析】导则 8.5.1 原文：“污染影响型建设项目应根据环境影响识别出的特征因子选取关键预测因子。”

141．A 【解析】导则 8.7.3 原文：“污染影响型建设项目，其评价工作等级为一级、二级的，预测方法可参见附录 E 或进行类比分析。”

142. C 【解析】导则 8.7.4 原文：“评价工作等级为三级的建设项目，可采用定性描述或类比分析法进行预测。”

143. D 【解析】导则 8.8.1 原文：“以下情况可得出建设项目土壤环境影响可接受的结论：a）建设项目各不同阶段，土壤环境敏感目标处且占地范围内各评价因子均满足 8.6 中相关标准要求的。”

144. A 【解析】导则附录 E.2.1 原文：“本方法适用于某种污染物以点源形式垂直进入土壤环境的影响预测，重点预测污染物可能影响到的深度。”

145. C 【解析】导则附录 E.1.2 原文：“可通过工程分析计算土壤中某种物质的输入量；涉及大气沉降影响的，可参照 HJ 2.2 相关技术方法给出。”

146. B 【解析】导则附录 E.1.3 原文：“单位质量土壤中某种物质的预测值可根据其增量叠加现状值进行计算。”

147. A 【解析】导则附录 E.1.3 原文：“ρ_b——表层土壤容重，kg/m^3。”

148. B 【解析】导则附录 E.1.3 原文：“BC_{pH}——缓冲容量，mmol/（kg·pH）。”

149. D 【解析】导则附录 F.1 原文：“W_{x_i}——影响因素 i 指标权重。”

二、不定项选择题

1. ABCD 【解析】导则附录 C.4 内容。
2. ACD 【解析】导则附录 C.4 内容。
3. ABCD 【解析】导则附录 C.4 内容。
4. AC 【解析】导则附录 C.4 内容。
5. ABCD 【解析】导则附录 C.4 内容。
6. ABCD 【解析】导则附录 C.4 内容。
7. ABCD 【解析】导则附录 C.4 内容。
8. ABCD 【解析】导则附录 A.2 内容。
9. ABD 【解析】导则附录 A.2 内容。
10. D 【解析】导则附录 A.2 内容。
11. C 【解析】导则附录 A.2 内容。
12. ABCD 【解析】导则附录 A.1 内容。
13. ABC 【解析】导则附录 A.1 内容。
14. ABCD 【解析】导则附录 A.1 内容。
15. ABD 【解析】H_2S 不属于基本污染物，该项目 $SO_2+NO_x \geqslant 500$ t/a，因此需要预测 $PM_{2.5}$。
16. ABCD 【解析】导则附录 A.2 内容。

17. AC 【解析】根据导则，预测范围应覆盖评价范围，并覆盖各污染物短期浓度贡献值占标率大于10%的区域，对于经判定需预测二次污染物的项目，预测范围应覆盖 $PM_{2.5}$ 年平均质量浓度贡献值占标率大于1%的区域。

18. ABCD 【解析】导则 8.7.6 表 5 内容。

19. B 【解析】导则 8.7.6 表 5 内容。

20. AC 【解析】根据导则，编制环境影响报告书的水泥项目，评价等级应提高一级，因此，本项目为一级评价项目。一级评价项目应采用进一步预测模型开展大气环境影响预测与评价；二级评价项目不进行进一步预测与评价，只对污染物排放量进行核算。

21. BC 【解析】达标区域预测值计算方法为 $C_{叠加}=C_{本项目}-C_{区域削减}+C_{拟在建}+C_{现状}$，非达标区预测值计算方法为 $C_{叠加}=C_{本项目}-C_{区域削减}+C_{拟在建}+C_{规划}$。

22. AB 【解析】污染物排放量核算包括本项目的新增污染源及改、扩建污染源。

23. ABCD 【解析】导则预测与评价内容。

24. BC 【解析】根据导则，对于项目厂界浓度超过大气污染物厂界浓度限值的，应要求削减排放源强或调整工程布局，待满足厂界浓度限值后，再核算大气环境防护距离。

25. ABCD 【解析】导则基本信息底图应包括评价范围内的环境功能区划、环境空气保护目标、项目位置、监测点位以及图例、比例尺、基准年风频玫瑰图等要素。

26. ABCD 【解析】基本信息图内容应在基本信息底图上标识，应标注项目边界、总平面布置、大气排放口位置等信息。

27. ABCD 28. AB 29. ABCD 30. ABCD 31. ABC 32. ABC

33. AD 【解析】AERSCREEN 用于等级判定，若为一级评价项目，还需用到 CALPUFF。

34. ABCD 35. ABCD 36. ABCD 37. ABCD 38. BC 39. ABCD 40. ABCD 41. ABCD 42. ABC 43. ABCD

44. ABCD 【解析】导则 7.5.2 水污染影响型建设项目，主要包括：a）各关心断面（控制断面、取水口、污染源排放核算断面等）水质预测因子的浓度及变化；b）到达水环境保护目标处的污染物浓度；c）各污染物最大影响范围；d）湖泊、水库及半封闭海湾等，还需关注富营养化状况与水华、赤潮等；e）排放口混合区范围。

45. ABCD 【解析】导则 7.5.3 水文要素影响型建设项目，主要包括：河流、湖泊及水库的水文情势预测分析主要包括水域形态、径流条件、水力条件以及冲淤变化等内容，具体包括水面面积、水量、水温、径流过程、水位、水深、流速、水面宽、冲淤变化等，湖泊和水库需要重点关注湖库水域面积或蓄水量及水力停留时间等因子。

46. ABCD 【解析】区（流）域水环境质量限期达标规划和替代源的削减方案要求、区（流）域环境质量改善目标要求及行业污染防治可行技术指南中最佳可行技术要求，确保废水污染物达到最低排放强度和排放浓度，且环境影响可以接受。

47. AB 【解析】导则 7.6.1 地表水环境影响预测模型包括数学模型、物理模型。7.6.2 数学模型包括：面源污染负荷估算模型、水动力模型、水质（包括水温及富营养化）模型等，可根据地表水环境影响预测的需要选择。估算模型是干扰项，属于数学模型中的一种

48. ABC 【解析】导则 7.3 预测时期。水环境影响预测的时期应满足不同评价等级的评价时期要求。水污染影响型建设项目，水体自净能力最不利以及水质状况相对较差的不利时期、水环境现状补充监测时期应作为重点预测时期；水文要素影响型建设项目，以水质状况相对较差或对评价范围内水生生物影响最大的不利时期为重点预测时期。

49. ABCD 【解析】导则 7.10.2.1 根据预测情景，确定各情景下建设项目排放的污染负荷量，应包括建设项目所有排放口（涉及一类污染物的车间或车间处理设施排放口、企业总排口、雨水排放口、温排水排放口等）的污染物源强。

50. AB 【解析】导则 7.4.2 生产运行期应预测正常排放、非正常排放两种工况对水环境的影响，如建设项目具有充足的调节容量，可只预测正常排放对水环境的影响。

51. ABCD 【解析】导则 7.11.1 水动力及水质模型参数包括水文及水力学参数、水质（包括水温及富营养化）参数等。其中水文及水力学参数包括流量、流速、坡度、糙率等；水质参数包括污染物综合衰减系数、扩散系数、耗氧系数、复氧系数、蒸发散热系数等。

52. ACDE 【解析】导则 7.12.1 预测点位设置要求：7.12.1.1 应将常规监测点、补充监测点、水环境保护目标、水质水量突变处及控制断面等作为预测重点。

53. ABD 【解析】导则 8.1.1 一级、二级、水污染影响型三级 A 及水文要素影响型三级评价。主要评价内容包括：a）水污染控制和水环境影响减缓措施有效性评价；b）水环境影响评价。8.1.2 水污染影响型三级 B 评价。主要评价内容包括：a）水污染控制和水环境影响减缓措施有效性评价；b）依托污水处理设施的环境可行性评价。

54. AB 【解析】建设项目地下水环境影响预测方法包括数学模型法和类比分析法。其中，数学模型法包括数值法、解析法等方法。

55. ABD 56. BCD 57. AD

58. BD 【解析】一般情况下，一级评价应采用数值法，不宜概化为等效多孔介质的地区除外；二级评价中水文地质条件复杂且适宜采用数值法时，建议优先采用数值法；三级评价可采用解析法或类比分析法。

59. BCD

60．BCD　【解析】水文地质条件概化是根据调查评价区和场地环境水文地质条件，对边界性质、介质特征、水流特征和补径排等条件进行概化。

61．ABD　【解析】污染源概化包括排放形式与排放规律的概化。根据污染源的具体情况，排放形式可以概化为点源、线源、面源；排放规律可以简化为连续恒定排放或非连续恒定排放以及瞬时排放。

62．CD　【解析】地下水环境影响预测未包括环境质量现状值时，应叠加环境质量现状值后再进行评价；应评价建设项目对地下水水质的直接影响，重点评价建设项目对地下水环境保护目标的影响。

63．AB　64．ABCD　65．ABC　66．ABCD　67．ABCD　68．ABCD

69．ABCDE　【解析】这个考点在参考教材中没有相关内容，在《建设项目地下水环境影响评价规范》（DZ 0225—2004）也没有相关内容，《环境影响评价技术导则　地下水环境》中也没有具体详细的措施，只是给了一些宏观的原则和要求，下列内容来自相关文章：为防止污染物渗入地下水，一方面要防止土壤污染，另一方面要想法阻断污染物与地下水的联系。这包括工矿企业的合理布局，尽量避免在关键地点上游排污；完善排水系统，严禁用渗井排放污水；合理选择废物堆放场所；污水池及固体废物堆放场底应作防渗处理；并应注意地质条件的选择，建立卫生防护带等。

《中华人民共和国水污染防治法》2017 年 6 月 27 日第二次修正，对水污染防治措施有详细的规定。

70．ABCDE　【解析】建立卫生防护带是指在水源地及重要的水资源保护区划出一定区域作为卫生防护带，以保护水资源。

71．ABCDE　【解析】除了本题的防治措施外，还有水环境管理措施、地下水环境监测措施等措施。

72．AB　73．BC　74．BD　75．ACE

76．CD　【解析】“生态影响评价工作等级中基本图件和推荐图件的组成”属“掌握”的要求。一级评价与二级评价的基本图件不同之处是：一级评价比二级评价多了 2 种类型的图件：植被类型图和生态监测布点图。

77．DE　【解析】三级评价需要四种基本图件：项目区域地理位置图、工程平面图、土地利用或水体利用现状图、典型生态保护措施平面布置示意图。二级评价的基本图件需要 7 种，比三级评价增加了：地表水系图、特殊生态敏感区和重要生态敏感区空间分布图、主要评价因子的评价成果和预测图。

78．ABCE　【解析】三级评价中的四种基本图件是各级评价基本图件的最低要求。

79．BE　【解析】该题问的是生态影响评价的推荐图件，不是地下水评价的图件，如果是地下水评价的章节，水文地质图是需要的。

80. BD

81. ABDE 【解析】对于项目区域地理位置图、工程平面图、土地利用现状图这几种图件，对从事环评的考生来说不需要刻意去记，因为做项目时这些图经常要用。主要区别各级评价基本图件的不同之处。

82. BCD 【解析】地表水系图和水体利用现状图是有区别的，水体利用现状图是三级评价中的基本图件。

83. ABC 84. ABCDE

85. ABCD 【解析】在考试大纲中，生态机理分析法属“掌握”的要求。但生态机理分析法在导则中讲得有点虚，实际应用的案例也较少，理解较难。但该法具有科学性，专业性强，定量有一定难度。生态机理分析法的工作步骤有 6 步，此题只列了 4 步。

86. ABC 87. ACD 88. CD 89. ABC

90. ACD 【解析】单因子指数法可进行生态因子的预测评价，如以评价区现状植被盖度为评价标准，可评价建设项目建成后植被盖度的变化率。权重赋予一般都是据专业、专家判断，不同人赋予值有所差异。

91. ABCDE 92. ABD

93. ABDE 【解析】类比分析法是一种比较常用的定性和半定量评价方法，一般有生态整体类比、生态因子类比和生态问题类比等。选项 C 的正确说法是：进行生态影响的定性分析与评价。

94. ABCD 【解析】根据导则，类比分析法列出了 6 个方面，此题的部分选项与前题有重复之处，目的是让考生加深记忆。

95. BCD

96. ACD 【解析】香农-威纳指数主要用以比较不同群落生物多样性大小。H 超大，说明该群落生物多样性越高。

97. ABC

98. ABCE 【解析】为便于分析和采取对策，要将生态影响划分为：有利影响和不利影响，可逆影响与不可逆影响，近期影响与长期影响，一次影响与累积影响，明显影响与潜在影响，局部影响与区域影响。

99. ABCDE

100. ABCE 【解析】决定某一拼块类型在景观中的优势，也称优势度值（D_0）。优势度值由密度（R_d）、频率（R_f）和景观比例（L_p）3 个参数计算得出。

101. ABDE 【解析】通用水土流失方程式 $A=R{\cdot}K{\cdot}L{\cdot}S{\cdot}C{\cdot}P$ 中，R——降雨侵蚀力因子；K——土壤可蚀性因子；L——坡长因子；S——坡度因子；C——植被和经营管理因子；P——水土保持措施因子。

102. ACE 【解析】水体富营养化主要指人为因素引起的湖泊、水库中氮、磷增加对其水生生态产生不良的影响。富营养化是一个动态的复杂过程。一般认为，水体磷的增加是导致富营养化的主因，但富营养化也与氮含量、水温及水体特征有关。

103. ABCD 104. ABD 105. ACD 106. BD 107. BD 108. ABE 109. ABCD 110. ACDE 111. ABDE 112. ABCDE 113. ACD 114. BE 115. CD 116. ABCD

117. ABDE 【解析】运行中的垃圾填埋场对环境的主要影响有 8 点，一定要记住，要写得出来！这 8 点归纳起来应从水（地表径流、地下水）、气、声、景观、地质、疾病、健康和安全、二次固废（塑料袋、尘土）关键词去记，然后联想，用自己的语言去表达，中心思想不会相差太大。

118. BCDE 119. AC 120. BCD 121. AD 122. BCD 123. ABCD

124. BC 【解析】导则 8.1.3 原文："应重点预测评价建设项目对占地范围外土壤环境敏感目标的累积影响，并根据建设项目特征兼顾对占地范围内的影响预测。"

125. ACD 【解析】导则 8.1.5 原文："建设项目导致土壤潜育化、沼泽化、潴育化和土地沙漠化等影响的，可根据土壤环境特征，结合建设项目特点，分析土壤环境可能受到影响的范围和程度。"

126. BCD 【解析】导则 8.5.2 原文："可能造成土壤盐化、酸化、碱化影响的建设项目，分别选取土壤盐分含量、pH 值等作为预测因子。"

127. ACD 【解析】导则 8.7.3 原文："污染影响型建设项目，其评价工作等级为一级、二级的，预测方法可参见附录 E 或进行类比分析；占地范围内还应根据土体构型、土壤质地、饱和导水率等分析其可能影响的深度。"

128. AB 【解析】导则 8.7.4 原文："评价工作等级为三级的建设项目，可采用定性描述或类比分析法进行预测。"

129. ACD 【解析】导则 8.8.1 原文："以下情况可得出建设项目土壤环境影响可接受的结论：a）建设项目各不同阶段，土壤环境敏感目标处且占地范围内各评价因子均满足 8.6 中相关标准要求的；b）生态影响型建设项目各不同阶段，出现或加重土壤盐化、酸化、碱化等问题，但采取防控措施后，可满足相关标准要求的；c）污染影响型建设项目各不同阶段，土壤环境敏感目标处或占地范围内有个别点位、层位或评价因子出现超标，但采取必要措施后，可满足 GB 15618、GB 36600 或其他土壤污染防治相关管理规定的。"

130. BCD 【解析】导则 8.8.2 原文："以下情况不能得出建设项目土壤环境影响可接受的结论：a）生态影响型建设项目：土壤盐化、酸化、碱化等对预测评价范围内土壤原有生态功能造成重大不可逆影响的；b）污染影响型建设项目各不同阶段，土壤环境敏感目标处或占地范围内多个点位、层位或评价因子出现超标，采取必要措施后，仍无法满足 GB 15618、GB 36600 或其他土壤污染防治相关管理规定的。"

131. AD 【解析】导则 E.1.2 原文："土壤中某种物质的输出量主要包括淋溶或径流排出、土壤缓冲消耗等两部分；植物吸收量通常较小，不予考虑；涉及大气沉降影响的，可不考虑输出量。"

132. ABCD 【解析】导则 E.1.2 原文："涉及大气沉降影响的，可不考虑输出量"，L_S、R_S 均为输出量，因此 A 正确。

导则 E.1.3 原文："单位质量土壤中某种物质的增量可用下式计算：

$$\Delta S = n\left(I_S - L_S - R_S\right) / \left(\rho_b \times A \times D\right)$$

式中：ΔS——单位质量表层土壤中某种物质的增量，g/kg；

表层土壤中游离酸或游离碱浓度增量，mmol/kg；

I_S——预测评价范围内单位年份表层土壤中某种物质的输入量，g；

预测评价范围内单位年份表层土壤中游离酸、游离碱输入量，mmol；

L_S——预测评价范围内单位年份表层土壤中某种物质经淋溶排出的量，g；

预测评价范围内单位年份表层土壤中经淋溶排出的游离酸、游离碱的量，mmol；

R_S——预测评价范围内单位年份表层土壤中某种物质经径流排出的量，g；

预测评价范围内单位年份表层土壤中经径流排出的游离酸、游离碱的量，mmol；

ρ_b——表层土壤容重，kg/m^3；

A——预测评价范围，m^2；

D——表层土壤深度，一般取 0.2 m，可根据实际情况适当调整；

n——持续年份，a。

因此，B、C、D 正确。

133. CD 【解析】导则 E.2.2 原文："一维非饱和溶质垂向运移控制方程的初始条件为：$c(z, t)=0 \quad t=0, L \leqslant z < 0$。"

134. CD 【解析】导则 E.2.2，边界条件有两类：第一类 Dirichlet 边界条件，其中 E.6 适用于连续点源情景，E.7 适用于非连续点源情景；第二类 Neumann 零梯度边界。

135. ABCDE 【解析】导则 F.2，表 F.1 土壤盐化影响因素赋值表，土壤盐化主要影响因素有地下水位埋深、干燥度、土壤本底含盐量、地下水溶解性总固体、土壤质地。

136. ACD 【解析】导则 F.3，表 F.2 土壤盐化预测表，土壤盐化综合评分预测结果有未盐化、轻度盐化、中度盐化、重度盐化、极重度盐化。

第五章　环境保护措施

一、单项选择题（每题的备选选项中，只有一个最符合题意）

1．根据《大气污染治理工程技术导则》（HJ 2000—2010），除尘器宜布置在除尘工艺的（　　）。

A．负压段上　　B．正压 段上　　C．前端　　D．后端

2．根据《大气污染治理工程技术导则》（HJ 2000—2010），利用气体混合物中各组分在一定液体中溶解度的不同而分离气体混合物的方法是（　　）。

A．吸附法　　B．吸收法　　C．冷凝法　　D．膜分离法

3．根据《大气污染治理工程技术导则》（HJ 2000—2010），吸收法净化气态污染物主要适用于（　　）的有毒有害气体的净化。

A．吸收效率和吸收速率均较低　　B．吸收效率和吸收速率均较高

C．吸收效率较低和吸收速率较高　　D．吸收效率较高和吸收速率较低

4．根据《大气污染治理工程技术导则》（HJ 2000—2010），吸附法净化气体污染物主要适用于（　　）有毒有害气体的净化。

A．高浓度　　B．中等浓度　　C．低浓度　　D．有机废气

5．根据《大气污染治理工程技术导则》（HJ 2000—2010），气态污染物常用的吸附设备有固定床、移动床和流化床等，工业应用宜采用（　　）。

A．固定床　　B．移动床　　C．流化床　　D．板式床

6．根据《大气污染治理工程技术导则》（HJ 2000—2010），低浓度挥发性有机化合物废气的去除采取（　　）更合适。

A．吸收法　　B．吸附法　　C．冷凝法　　D．膜分离法

7．根据《大气污染治理工程技术导则》（HJ 2000—2010），废气流量较大、浓度较高、温度较低和压力较高的挥发性有机化合物废气的处理采取下列哪种方法更合适？（　　）

A．吸收法　　B．吸附法　　C．冷凝法　　D．膜分离法

8．根据《大气污染治理工程技术导则》（HJ 2000—2010），对于大气量、高、中浓度的恶臭气体，宜采用（　　）处理。

A．化学吸收类处理方法　　B．化学吸附类处理方法

C．物理类处理方法　　　　　　　　　　　　D．生物类处理方法

9．根据《大气污染治理工程技术导则》（HJ 2000—2010），对于低浓度、多组分的恶臭气体，宜采用（　　）处理。

A．化学吸收类处理方法　　　　　　　　　　B．化学吸附类处理方法

C．物理类处理方法　　　　　　　　　　　　D．生物类处理方法

10．根据《大气污染治理工程技术导则》（HJ 2000—2010），吸收法治理含氯或氯化氢（盐酸酸雾）废气时，宜采用（　　）。

A．硅酸钠法　　　　　　　　　　　　　　　B．氧化铝粉吸附法

C．碱液吸收法　　　　　　　　　　　　　　D．生物过滤法

11．根据《大气污染治理工程技术导则》（HJ 2000—2010），铅及其化合物废气宜用（　　）处理。

A．吸附法　　　　B．吸收法　　　　C．冷凝法　　　　D．燃烧法

12．目前，燃烧脱硫较为先进的燃烧方式是（　　）。

A．氧化铜燃烧脱硫技术　　　　　　　　　　B．型煤固硫燃烧脱硫技术

C．流化床燃烧脱硫技术　　　　　　　　　　D．分子筛燃烧脱硫技术

13．SCR 脱硝技术使用的还原剂是（　　）。

A．甲烷　　　　B．氨　　　　C．氢　　　　D．贵金属

14．袋式除尘器的除尘效率一般可达（　　）以上。

A．96%　　　　B．90%　　　　C．99%　　　　D．95%

15．一般习惯以使用吸收剂的形态和处理过程将二氧化硫控制技术分为（　　）。

A．非选择性催化还原法和活性炭脱硫　　　B．干法排烟脱硫和湿法排烟脱硫

C．催化还原脱硫和吸收脱硫　　　　　　　D．高温排烟脱硫和低温排烟脱硫

16．采用石灰石、生石灰或消石灰的乳浊液为吸收剂吸收烟气中的 SO_2 的方法称为（　　）。

A．活性炭法　　　　B．钠法　　　　C．镁法　　　　D．钙法

17．（　　）是目前一种最成熟的脱硫方法，特别是在低浓度的排烟脱硫上效率较高，而且石灰来源广，价格便宜。

A．石灰粉吹入法　　　　　　　　　　　　B．钙法

C．催化氧化法　　　　　　　　　　　　　D．钠法

18．干法排烟脱硫是用（　　）去除烟气中二氧化硫的方法。

A．固态吸附剂或固体吸收剂　　　　　　　B．固态吸附剂

C．固体吸收剂　　　　　　　　　　　　　D．固态吸附剂或液态吸收剂

19．（　　）具有对 SO_2 吸收速度快、管路和设备不容易堵塞等优点，但吸收剂价格昂贵。

A．镁法　B．钙法　C．氨法　D．钠法

20．以铜、铂、钒、钼、锰等的氧化物为催化剂，以氨、硫化氢、一氧化碳为还原剂，选择出最适宜的温度范围进行脱氮反应。此方法称为（　）。

A．非选择性催化还原法　B．催化氧化法

C．选择性催化还原法　D．活性炭法

21．用铂作为催化剂，以氢或甲烷等还原性气体作为还原剂，将烟气中的 NO_x 还原成 N_2，在反应中不仅与 NO_x 反应，还要与尾气中的 O_2 反应，没有选择性。此方法称为（　）。

A．非选择性催化还原法　B．甲烷非选择性催化还原法

C．选择性催化还原法　D．氨选择性催化还原法

22．一般情况，选择性催化还原法比非选择性催化还原法的排烟脱氮处理成本（　）。

A．高　B．低　C．差不多　D．无法比较

23．工艺简单，目前使用较广，成本较低，处理效果好，排烟脱氮转化率达 90% 以上，但还不能达到变废为宝、综合利用的目的。此方法是（　）。

A．非选择性催化还原法　B．选择性催化还原法

C．碱液吸收法　D．分子筛吸附法

24．为了达到更好的烟（粉）尘的治理效果，采用燃烧技术时，在燃烧过程中供给的空气量要（　），以使燃料完全燃烧。

A．多　B．少　C．适当　D．以上都不对

25．目前，对一些以大气污染为主、烟（粉）尘排放量大、除尘效率要求高的项目，如大型火电厂、大型水泥厂等，为了满足达标排放，最好选用（　）。

A．布袋除尘器　B．惯性除尘器

C．重力除尘器　D．洗涤式除尘器

26．城镇污水脱氮除磷应以（　）单元为主。

A．生物处理　B．物理处理　C．化学处理　D．物化处理

27．在污水处理厂（站）总平面布置时，污泥消化池与其他处理构筑物的间距应大于（　）m。

A．10　B．20　C．30　D．40

28．一般工业废水经（　）后就可达到排放标准。

A．一级处理　B．二级处理　C．三级处理　D．四级处理

29．好氧生物处理宜用于进水 $BOD_5/COD \geq$（　）的城镇污水、生活污水、易生物降解工业废水。

A．0.5　B．0.4　C．0.2　D．0.3

30．在一般的废水处理过程中，除磷脱氮主要在（　　）中完成。

A．一级处理　　B．二级处理　　C．三级处理　　D．四级处理

31．在废水处理过程中，出水消毒是一种（　　）。

A．物理处理方法　　B．化学处理方法

C．物理化学处理方法　　D．生物处理方法

32．污泥处理的基本过程为（　　）。

A．调节→稳定→浓缩→脱水→压缩　　B．浓缩→稳定→调节→脱水→压缩

C．压缩→稳定→调节→脱水→浓缩　　D．浓缩→稳定→脱水→调节→压缩

33．以下哪项不属于好氧生物处理法？（　　）

A．活性污泥法　　B．接触氧化法　　C．UASB　　D．氧化沟法

34．废水按处理程度可分为（　　）处理。

A．一级、二级　　B．一级、二级、三级

C．一级、二级、三级、四级　　D．物理、化学、物理化学、生物

35．一级废水处理的任务主要是（　　）。

A．去除重金属

B．去除有机污染物

C．去除呈悬浮状态的固体或呈分层或乳化状态的油类污染物

D．去除复杂的无机污染物

36．下列不属于废水处理的方法化学处理法的是（　　）。

A．去除有机污染物　　B．去除重金属

C．化学沉淀法　　D．活性污泥法

37．曝气池的主要作用是（　　）。

A．去除有机污染物　　B．去除重金属

C．去除无机污染物　　D．去除油类

38．某项目污水处理站进水COD浓度为900 mg/L，采用生化—絮凝处理工艺，其COD去除率分别为80%和50%，则该污水处理站出水COD浓度为（　　）mg/L。

A．90　　B．100　　C．180　　D．360

39．高浓度有机废水生化处理过程中产生的沼气主要来源于处理工艺的（　　）。

A．中和段　　B．厌氧段　　C．好氧段　　D．沉淀段

40．城市污水处理厂外排尾水渠设置紫外线灯照射设施的作用是（　　）。

A．增加外排尾水中溶解氧含量　　B．使水中致病微生物死亡或灭活

C．进一步处理COD　　D．脱除水中的氨

41．根据《环境噪声与振动控制工程技术导则》（HJ 2034—2013），噪声与振动控制的基本原则中，优先顺序正确的是（　　）。

A．传输途径的控制、源强控制、敏感点防护措施

B．源强控制、传输途径的控制、敏感点防护措施

C．敏感点防护、措施源强控制、传输途径的控制

D．源强控制、敏感点防护措施、传输途径的控制

42．根据《环境噪声与振动控制工程技术导则》（HJ 2034—2013），对于大型工业空压机房、风机房、冷冻机房、水泵房、锅炉房、真空泵房等，一般采用（ ）的措施。

A．吸声、消声　　B．吸声、隔声

C．隔声、消声　　D．隔声、隔振

43．根据《环境噪声与振动控制工程技术导则》（HJ 2034—2013），对由空气柱振动引发的空气动力性噪声的治理，一般采用（ ）的措施。

A．安装吸声器　　B．安装隔振器

C．安装消声器　　D．安装隔声罩

44．根据《环境噪声与振动控制工程技术导则》（HJ 2034—2013），针对锅炉排气、高炉放风、化工工艺气放散、空压机和各种风动工具的不同排气噪声特点和工艺要求，可在排气口合理选择（ ）。

A．排气放空消声器　　B．微穿孔板消声器

C．抗性消声器　　D．阻性消声器

45．根据《环境噪声与振动控制工程技术导则》（HJ 2034—2013），针对环境保护目标采取的环境噪声污染防治技术工程措施，主要是以（ ）为主的屏蔽性措施，以使保护目标免受噪声影响。

A．吸声、消声　　B．吸声、隔声

C．隔声、消声　　D．隔声、隔振

46．在噪声传播途径上降低噪声，合理布局噪声敏感区中的（ ）和合理调整建筑物（ ）。

A．建筑物功能　平面布局　　B．平面布局　功能

C．建筑物结构　使用方法　　D．建筑物功能　使用年限

47．用压力式打桩机代替柴油打桩机，反铆接改为焊接，液压代替锻压等降低噪声的措施是指（ ）。

A．利用自然地形物降低噪声　　B．改进机械设计以降低噪声

C．维持设备处于良好的运转状态　　D．改革工艺和操作方法以降低噪声

48．在设计和制造过程中选用发声小的材料来制造机件，改进设备结构和形状、改进传动装置以及选用已有的低噪声设备等降低声源噪声方法是指（ ）。

A．合理布局降低噪声　　B．改进机械设计以降低噪声

C. 维持设备处于良好的运转状态　　D. 改革工艺和操作方法以降低噪声

49. 根据《固体废物处理处置工程技术导则》(HJ 2035—2013)，贮存含硫量大于(　　)的煤矸石时，应采取防止自燃的措施。

A. 0.5%　　B. 1.0%　　C. 1.5%　　D. 2.0%

50. 根据《固体废物处理处置工程技术导则》(HJ 2035—2013)，适用于处理污泥、预处理后的生活垃圾及一般工业固体废物的焚烧炉型是(　　)。

A. 炉排式焚烧炉　　B. 流化床式焚烧炉

C. 回转窑焚烧炉　　D. 固定床

51. 根据《固体废物处理处置工程技术导则》(HJ 2035—2013)，适用于生活垃圾焚烧，不适用于处理含水率高的污泥的焚烧炉型是(　　)。

A. 炉排式焚烧炉　　B. 流化床式焚烧炉

C. 回转窑焚烧炉　　D. 固定床

52. 根据《固体废物处理处置工程技术导则》(HJ 2035—2013)，适用于处理成分复杂、热值较高的一般工业固体废物的焚烧炉型是(　　)。

A. 炉排式焚烧炉　　B. 流化床式焚烧炉

C. 回转窑焚烧炉　　D. 固定床

53. 根据《固体废物处理处置工程技术导则》(HJ 2035—2013)，垃圾填埋场上方甲烷气体含量应小于(　　)，建(构)筑物内，甲烷气体含量不应超过1.25%。

A. 5%　　B. 10%　　C. 15%　　D. 20%

54. 一种把危险废物放置或贮存在环境中，使其与环境隔绝的处置方法，此法为(　　)。

A. 卫生填埋法　　B. 安全填埋法

C. 堆肥处理法　　D. 热解法

55. 目前，国内外用垃圾、污泥、人畜粪便等有机废物制造堆肥的工厂，绝大多数采用(　　)。

A. 低温堆肥法　　B. 厌氧堆肥法

C. 绝热堆肥法　　D. 好氧堆肥法

56. 固体废物焚烧处置技术的燃烧系统中，最普通的氧化物为含有(　　)氧气的空气，空气量的多少与燃料的混合程度直接影响燃烧的效率。

A. 21%　　B. 26%　　C. 37%　　D. 29%

57. 固体废物焚烧处置技术对环境的最大影响是尾气造成的污染，(　　)是污染控制的关键。

A. 工况控制和尾气净化　　B. 工况控制

C. 固废原料的选择　　D. 尾气净化

58．根据危险废物安全填埋入场要求，禁止填埋的是（　　）。

A．含水率小于 75%的废物　　B．含铜、铬的固体废物

C．医疗废物　　D．含氰化物的固体废物

59．生活垃圾填埋场可以直接处置（　　）。

A．油泥焚烧残渣　　B．医疗废弃物

C．生活垃圾焚烧残渣　　D．生活垃圾焚烧飞灰

60．保护生态系统的整体性，是以保护（　　）为核心，保护生物的生境。

A．植被　　B．生物多样性　　C．物种　　D．群落

61．植被破坏的生态补偿量不应少于破坏量，具体补偿量确定原则为（　　）。

A．等面积补偿　　B．等当量生物质补偿

C．等植株数量补偿　　D．等植物种类补偿

62．为弥补某码头工程港池开挖过程带来的鱼卵子鱼、底栖生物等水生生物资源损失，应采取的措施是（　　）。

A．生态补偿　　B．污染治理　　C．生态监测　　D．污染预防

63．土壤环境保护措施与对策不包括（　　）。

A．项目生产设施　　B．保护的目标

C．实施的保证措施　　D．预期效果的分析

64．（　　）应针对现有工程引起的土壤环境影响问题，提出“以新带老”措施，有效减轻影响程度或控制影响范围，防止土壤环境影响加剧。

A．所有建设项目　　B．改、扩建项目

C．污染影响型项目　　D．新、改、扩建项目

65．（　　）建设项目应结合项目的生态影响特征、按照生态系统功能优化的理念、坚持高效适用的原则提出源头防控措施。

A．生态影响型　　B．污染影响型

C．生态影响型及污染影响型　　D．改、扩建项目

66．进行污染场地修复时，提出的修复目标不包括（　　）。

A．确认目标污染物　　B．确认场地状况

C．提出修复目标值　　D．确认修复范围

67．关于修复技术可行性评估，如对土壤修复技术适用性不确定，应开展（　　）。

A．实验室小试　　B．应用案例分析

C．现场中试　　D．专家讨论会

68．确认前期场地环境调查与风险评估提出的土壤修复范围是否清楚，特别要关注（　　）。

A．四周边界　　B．污染土层深度分布

C．地下水埋深　　D．污染土层异常分布情况

69．关于基坑清理效果评估布点，对于重金属和半挥发性有机物，在一个采样网格和间隔内可采集（　　）。

A．混合样　B．表层样　C．深层样　D．柱状样

二、不定项选择题（每题的备选项中至少有一个符合题意）

1．根据《大气污染治理工程技术导则》（HJ 2000—2010），关于污染气体的收集措施和要求，说法正确的有（　　）。

A．对产生逸散粉尘或有害气体的设备，一定要采取密闭、隔离和负压操作措施

B．污染气体应尽可能利用生产设备本身的集气系统进行收集，逸散的污染气体采用集气（尘）罩收集

C．集气（尘）罩的吸气方向应尽可能与污染气流运动方向不一致

D．吸气点的排风量应按防止粉尘或有害气体扩散到周围环境空间为原则确定

2．根据《大气污染治理工程技术导则》（HJ 2000—2010），关于污染气体的排放的要求，说法正确的有（　　）。

A．排气筒的出口直径应根据出口流速确定，流速宜取 15 m/s 左右

B．排气筒的高度按《大气污染物综合排放标准》（GB 16297—1996）的要求就可以

C．排气筒或烟道应按相关规范设置永久性采样孔，必要时设置测试平台

D．排放有腐蚀性的气体时，排气筒应采用防腐设计

3．根据《大气污染治理工程技术导则》（HJ 2000—2010），关于污染气体的排放的要求，说法错误的有（　　）。

A．防雷保护范围的排气筒，应装设避雷设施

B．对于可能影响航空器飞行安全的烟囱，应按相关要求设置航空障碍灯和标志

C．大型除尘系统排气筒底部应设置比烟道底部低 0.5～1.0 m 的积灰坑，并应设置清灰孔

D．应当根据当地环保部门的要求在排气筒上建设、安装自动监控设备及其配套设施或预留连续监测装置安装位置

4．根据《大气污染治理工程技术导则》（HJ 2000—2010），污染气体排放排气筒应根据（　　）因素，确定采用砖排气筒、钢筋混凝土排气筒或钢排气筒。

A．使用条件　　B．功能要求

C．排气筒高度　　D．材料供应及施工条件

5．根据《大气污染治理工程技术导则》（HJ 2000—2010），对除尘器收集的粉尘或排出的污水，需根据（　　）和便于维护管理等因素，采取妥善的回收和处理

措施。

A．生产条件　　B．除尘器类型

C．粉尘的回收价值　　D．粉尘的特性

6．根据《大气污染治理工程技术导则》（HJ 2000—2010），袋式除尘器适宜用于（　　）的含尘气体。

A．处理风量大　　B．浓度范围广

C．处理风量小　　D．浓度波动较大

7．根据《大气污染治理工程技术导则》（HJ 2000—2010），高浓度挥发性有机化合物废气的处理可采用下列方法（　　）。

A．吸收法　　B．吸附法　　C．冷凝法　　D．膜分离法

8．根据《大气污染治理工程技术导则》（HJ 2000—2010），下列（　　）属重金属废气的基本处理方法。

A．过滤法　　B．吸附法　　C．冷凝法　　D．燃烧法

9．根据《大气污染治理工程技术导则》（HJ 2000—2010），砷、镉、铬及其化合物废气通常采用（　　）处理。

A．吸附法　　B．吸收法　　C．过滤法　　D．燃烧法

10．根据《大气污染治理工程技术导则》（HJ 2000—2010），汞及其化合物废气一般处理方法有（　　）。

A．吸附法　　B．吸收法　　C．冷凝法　　D．燃烧法

11．袋式除尘器的清灰方式主要有（　　）。

A．机械振打清灰　　B．脉冲清灰　　C．逆气流清灰

D．自激式清灰　　E．高压文氏管清灰

12．电除尘器的主要优点是（　　）。

A．抗高温和腐蚀　　B．压力损失少　　C．投资小

D．能耗少　　E．除尘效率高

13．除尘器的技术指标有（　　）。

A．压力损失　　B．工作负荷　　C．净化效率

D．运行成本　　E．使用温度

14．大型火电厂和大型水泥厂多采用（　　）进行除尘。

A．静电除尘器　　B．惯性除尘器　　C．布袋除尘器　　D．离心力除尘器

15．下列（　　）属湿法排烟脱硫。

A．活性炭法　　B．钠法　　C．镁法　　D．钙法　　E．氨法

16．下列（　　）属干法排烟脱硫。

A．活性炭法　　B．钠法　　C．催化氧化法

D. 钙法　　　　　　　　E. 石灰粉吹入法

17. 排烟脱氮方法从化工过程来看，可以分为（　　）。

A. 催化还原法　　　　　B. 干法　　　　　　C. 吸收法

D. 固体吸附法　　　　　E. 湿法

18. 烟（粉）尘的治理技术主要是通过（　　）来实现。

A. 加强环境管理　　　　　　　　B. 提高员工环保素质

C. 改进燃烧技术　　　　　　　　D. 采用除尘技术

19. 下列属二氧化硫防治措施的是（　　）。

A. 氨法　　　　　　B. 镁法　　　　　　C. 循环流化床

D. 钠法　　　　　　E. 石灰粉吹入法

20. 下列属氮氧化物防治措施的是（　　）。

A. 非选择性催化还原法　　B. 炉内喷钙　　　　C. 选择性催化还原法

D. 碱液法　　　　　　　　E. 低氮喷嘴

21. 下列属二氧化硫防治措施的是（　　）。

A. 活性炭法　　　　　B. 磷铵肥法　　　　C. 氨法

D. 接触氧化法　　　　E. 泥煤碱法

22. 关于污水处理工艺组合的要求，说法正确的有（　　）。

A. 采用厌氧和好氧组合工艺处理废水时，好氧工艺单元应设置在厌氧工艺单元前

B. 当废水中含有生物毒性物质，且废水处理工艺组合中有生物处理单元时，应在废水进入生物处理单元前去除生物毒性物质

C. 工业废水处理系统中应考虑设置事故应急池

D. 在污（废）水达标排放、技术经济合理的前提下应优先选用污泥产量高的处理单元或组合工艺

23. 关于污水处理厂（站）总平面布置的要求，说法错误的有（　　）。

A. 应将管理区和生活区布置在冬季主导风向上风侧

B. 将污泥区和进水区布置在夏季主导风向上风侧

C. 处理构筑物的间距应以节约用地、缩短管线长度为原则

D. 污泥消化池与其他处理构筑物的间距应大于 20 m

24. 关于污水处理厂（站）高程布置的要求，说法正确的有（　　）。

A. 水污染治理工程不应建在洪水淹没区

B. 水污染治理工程的出水水位，应高于受纳水体的高水位

C. 进行水力计算时，应选择距离最长，损失最大的流程，并按中等设计流量计算

D．污染物处理过程中，应尽可能采用重力流，需要提升时应设置相应的提升设备

25．下列废水处理方法中，属于物理化学法的有（　　）。

A．活性污泥　B．离子交换　C．浮选　D．混凝　E．萃取

26．污泥稳定的目的是（　　）。

A．减少病原体　B．去除引起异味的物质

C．去除污泥中的水分　D．抑制、减少并去除可能导致腐化的物质

E．增加固态物的含量

27．污泥的处置方法主要有（　　）。

A．卫生填埋　B．热解　C．安全填埋　D．焚烧

28．废水处理分为物理法、化学法、物理化学法和生物法，以下处理属于物理法的有（　　）。

A．混凝　B．格栅　C．气浮　D．过滤　E．蒸发

29．通常可采取（　　）方法处理电镀废水。

A．混凝　B．氧化还原　C．离子交换

D．活性污泥　E．结晶

30．Ⅰ类建设项目场地地下水污染防治对策应从以下（　　）方面考虑。

A．源头控制措施　B．分区防治措施

C．地下水污染监控　D．风险事故应急响应

31．对于Ⅰ类建设项目场地地下水污染监控中的监测计划应包括（　　）。

A．监测孔位置、孔深　B．监测井结构

C．监测层位　D．监测项目、监测频率

32．对于Ⅰ类建设项目场地地下水污染监控体系应包括（　　）。

A．建立地下水污染监控制度　B．建立地下水污染环境管理体系

C．制订监测计划　D．配备先进的检测仪器和设备

33．下列（　　）属Ⅰ类建设项目场地地下水污染防治分区防治措施。

A．提出不同区域的地面防渗方案

B．划分污染防治区

C．给出具体的防渗材料及防渗标准要求

D．建立防渗设施的检漏系统

34．下列（　　）属Ⅱ类建设项目地下水保护与环境水文地质问题减缓措施。

A．以均衡开采为原则，提出防止地下水资源超量开采的具体措施

B．分区防治措施

C．建立地下水动态监测系统

D．针对建设项目可能引发的其他环境水文地质问题提出应对预案

35．根据《环境噪声与振动控制工程技术导则》（HJ 2034—2013），下列哪些属传输途径控制措施？（ ）

A．隔声　　B．吸声　　C．阻尼处理　　D．耳罩

36．根据《环境噪声与振动控制工程技术导则》（HJ 2034—2013），关于隔声的一般规定，说法正确的有（ ）。

A．对固定声源进行隔声处理时，宜尽可能靠近噪声源设置隔声措施

B．对敏感点采取隔声防护措施时，宜采用具有一定高度的隔声墙或隔声屏障

C．对噪声传播途径进行隔声处理时，宜采用隔声间（室）的结构形式

D．对临街居民建筑可安装隔声窗或通风隔声窗

37．根据《环境噪声与振动控制工程技术导则》（HJ 2034—2013），关于隔振的一般规定，说法正确的有（ ）。

A．当机器设备产生的振动可以引起固体声传导并引发结构噪声时，也应进行隔振降噪处理

B．若布局条件允许时，应使对隔振要求较高的敏感点或精密设备尽可能远离振动较强的机器设备

C．隔振设计仅适用于防护机器设备振动或冲击对操作者、其他设备或周围环境的有害影响

D．应根据污染源的性质、传播形式及其与环境敏感点的位置关系，采用不同的隔声处理方案

38．根据《环境噪声与振动控制工程技术导则》（HJ 2034—2013），下列（ ）属隔振装置及支承结构型式的影响因素。

A．机器设备的安装和检修形式　　B．环境对噪声与振动的要求

C．建筑对噪声与振动的要求　　D．操作者对噪声与振动的要求

39．根据《环境噪声与振动控制工程技术导则》（HJ 2034—2013），消声器设计或选用应满足（ ）。

A．应根据噪声源的特点，在所需要消声的波长范围内有足够大的消声量

B．消声器的附加阻力损失必须控制在设备运行的允许范围内

C．良好的消声器结构应是小型高效、造型美观、坚固耐用、维护方便

D．对于降噪要求较高的管道系统，应通过合理控制管道和消声器截面尺寸及介质流速，使流体再生噪声得到合理控制

40．根据《环境噪声与振动控制工程技术导则》（HJ 2034—2013），噪声与振动控制工程的性能通常可以采用（ ）来检测。

A．插入损失　　B．传递损失

C．空气自由损失　　D．声压级降低量

41．在噪声传播途径上降低噪声，可采用（　　）的设计原则，使高噪声敏感设备尽可能远离噪声敏感区。

A．改革工艺和操作方法　　B．闹静分开

C．合理布局　　D．消声、隔振和减振

42．下列（　　）是从声源上降低噪声。

A．利用自然地形物降低噪声　　B．改进机械设计以降低噪声

C．维持设备处于良好的运转状态　　D．改革工艺和操作方法以降低噪声

43．根据《固体废物处理处置工程技术导则》（HJ 2035—2013），关于固体废物处理厂（场）址选择的总体要求，说法正确的有（　　）。

A．垃圾焚烧厂不应建在受洪水、潮水或内涝威胁的地区

B．垃圾填埋场场址的标高应位于重现期不小于 100 年一遇的洪水位之上

C．垃圾填埋场可使用容积建成后使用期为 10 年以上

D．垃圾厌氧消化厂应避免建在地质不稳定及易发生坍塌、滑坡、泥石流等自然灾害的区域

44．根据《固体废物处理处置工程技术导则》（HJ 2035—2013），根据生物处理过程中起作用的微生物对氧气要求的不同，生物处理分为（　　）。

A．好氧堆肥　　B．厌氧堆肥

C．好氧消化　　D．厌氧消化

45．根据《固体废物处理处置工程技术导则》（HJ 2035—2013），固体废物焚烧处置技术适用于处理（　　）的固体废物。

A．可燃　　B．无机成分较多

C．热值较高　　D．有机成分较多

46．根据《固体废物处理处置工程技术导则》（HJ 2035—2013），关于控制焚烧烟气中的酸性气体、烟尘、重金属、二噁英等污染物的措施与设备，说法错误的有（　　）。

A．脱酸系统应采用适宜的碱性物质作为中和剂，可采用半干法、干法或湿法处理工艺

B．烟气除尘设备应采用旋风除尘器

C．烟气中重金属去除应注意固体废物应完全燃烧，并严格控制燃烧室烟气的温度、停留时间与气流扰动工况

D．烟气中二噁英的去除应注意减少烟气在 500～800℃温区的滞留时间

47．根据《固体废物处理处置工程技术导则》（HJ 2035—2013），下列（　　）有毒有害废物不应进入卫生填埋场。

A. 浸出毒性　　B. 传染性　　C. 放射性　　D. 易燃性

48. 根据《固体废物处理处置工程技术导则》(HJ 2035—2013)，关于垃圾填埋场渗滤液的收集与处理，说法正确的有（　　）。

A. 填埋场内应实行雨水与污水合流

B. 填埋库区应铺设渗滤液收集系统，并宜设置疏通设施

C. 调节池及渗滤液流经或停留的其他设施均应采取防渗措施

D. 渗滤液应相关要求，处理达标后排放

49. 根据《固体废物处理处置工程技术导则》(HJ 2035—2013)，关于垃圾填埋场填埋气体收集与处理，说法正确的有（　　）。

A. 填埋场应设置有效的填埋气体导排设施

B. 宜对所有的填埋气体进行收集和利用

C. 填埋场上方甲烷气体含量应小于 5%

D. 填埋场应防止填埋气体在局部聚集

50. 根据《固体废物处理处置工程技术导则》(HJ 2035—2013)，关于一般工业固体废物的收集和贮存的要求，说法正确的有（　　）。

A. 贮存、处置场应采取防止粉尘污染的措施，周边应设导流渠，防止雨水径流进入贮存、处置场内，避免渗滤液量增加和发生滑坡

B. 应构筑堤、坝、挡土墙等设施，防止一般工业固体废物和渗滤液的流失

C. 应设计渗滤液集排水设施，必要时应设计渗滤液处理设施，对渗滤液进行处理

D. 贮存含硫量大于 1%的煤矸石时，应采取防止自燃的措施

51. 固体废物处置常见的预处理方法有（　　）。

A. 分选　　B. 破碎　　C. 堆肥　　D. 压实

52. 根据生物处理过程中起作用的微生物对氧气要求的不同，可以把固体废物堆肥分为（　　）。

A. 高温堆肥　　B. 好氧堆肥　　C. 低温堆肥　　D. 厌氧消化

53. 固体废物焚烧处置技术的燃烧系统中的主要成分是（　　）。

A. 燃料　　B. 还原物　　C. 氧化物　　D. 惰性物质

54. 根据危险废物安全填埋入场要求，需经预处理后方能入场填埋的是（　　）。

A. 含水率小于 80%的废物　　B. 液体废物

C. 医疗废物　　D. 本身具有反应性、易燃性的废物

E. 根据《固体废物浸出毒性浸出方法》和《固体废物浸出毒性测定方法》测得的废物浸出液 pH 值小于 7.0 和大于 12.0 的废物

55. 根据危险废物安全填埋入场要求，废物可直接入场填埋的是（　　）。

A．含水率高于 85%的废物

B．液体废物

C．与衬层具有不相容性反应的废物

D．根据《固体废物浸出毒性浸出方法》和《固体废物浸出毒性测定方法》测得的废物浸出液中有一种或一种以上有害成分浓度超过《危险废物鉴别标准》中的标准值并低于《危险废物填埋污染控制标准》中的允许进入填埋区控制限值的废物

E．根据《固体废物浸出毒性浸出方法》和《固体废物浸出毒性测定方法》测得的废物浸出液 pH 值在 7.0～12.0 的废物

56．生态环境保护战略特别注重保护（　　）地区。

A．城市居民区　　B．生态环境良好的地区

C．生态系统特别重要的地区　　D．工业开发区

E．资源强度利用，生态系统十分脆弱，处于高度不稳定或正在发生退化的地区

57．减少生态环境影响的工程措施有（　　）。

A．合理选址选线　　B．项目规划论证分析

C．工程方案分析与优化　　D．加强工程的环境保护管理

E．施工方案分析与合理化建议

58．以下关于合理选址选线说法正确的有（　　）。

A．选址选线以最小的成本和最高的经济效益为原则

B．选址选线避绕敏感的环境保护目标

C．选址选线符合地方环保规划和环境功能区划要求

D．选址选线不存在潜在的环境风险

E．选址选线应保障区域可持续发展能力不受到损害或威胁

59．作为减少生态环境影响的工程措施之一，工程方案分析与优化要从可持续发展出发，其优化的主要措施包括（　　）。

A．选择减少资源消耗的方案　　B．采用环境友好的方案

C．选择经济效益最大化的设计方案　　D．采用循环经济理念，优化建设方案

E．发展环境保护工程设计方案

60．生态工程施工方案分析与合理化建议包括（　　）。

A．施工成本分析　　B．施工机械使用

C．建立规范化操作程序和制度　　D．合理安排施工次序、季节、时间

E．改变落后的施工组织方式，采用科学的施工组织方法

61．生态影响的补偿形式有（　　）。

A．物质补偿　　B．就地补偿　　C．精神补偿　　D．异地补偿

62．以下关于生态影响补偿的说法，正确的有（　　）。

A．补偿可在当地，也可在异地

B．就地补偿建立的新系统要和原系统完全一致

C．异地补偿要注意补偿地点和补偿形式与建设地区生态类型和功能的联系

D．所有物种和生境受到工程影响时都应补偿

E．异地补偿应在补偿量上与原系统等当量

63．按照保护的方式、目的，生态保护可以分为（　　）。

A．维护　B．保护　C．恢复　D．重建　E．改造

64．根据《矿山生态环境保护与恢复治理技术规范（试行）》（HJ 651—2013），关于矿山生态环境保护与恢复治理的一般要求，说法正确的有（　　）。

A．坚持“预防为主、防治结合、过程控制”的原则，将矿山生态环境保护与恢复治理贯穿矿产资源开采的全过程

B．所有矿山企业均应编制实施矿山生态环境保护与恢复治理方案

C．禁止在重要道路、航道两侧及重要生态环境敏感目标 100 m 范围内进行对景观破坏明显的露天开采

D．矿产资源开发活动应符合国家和区域主体功能区规划、生态功能区划、生态环境保护规划的要求

65．根据《矿山生态环境保护与恢复治理技术规范（试行）》（HJ 651—2013），规定禁止采矿。（　　）

A．森林公园　B．饮用水水源保护区

C．文物古迹所在地　D．地质遗迹保护区

66．根据《矿山生态环境保护与恢复治理技术规范（试行）》（HJ 651—2013），恢复治理后的各类场地应实现（　　）。

A．安全稳定，对人类和动植物不造成威胁

B．对周边环境不产生污染，与周边自然环境和景观相协调

C．恢复土地基本功能，因地制宜实现土地可持续利用

D．区域整体生态功能得到保护和恢复

67．土壤环境保护措施与对策应包括（　　）。

A．保护的对象、目标　B．措施的内容

C．实施部位和时间　D．编制环境保护措施布置图

68．根据《环境影响评价技术导则　土壤环境（试行）》，在建设项目可行性研究提出的影响防控对策基础上（　　），提出合理、可行、操作性强的土壤环境影响防控措施。

A．结合建设项目特点　B．结合环境影响识别结果

C．结合调查评价范围内的土壤环境质量现状

D．根据环境影响预测与评价结果

69．涉及取、弃土的建设项目，以下说法正确的是（　　）。

A．弃土的处置应确保不产生二次污染

B．所取土壤应满足占地范围对应的土壤环境相关标准要求

C．说明土壤来源

D．弃土应按照固体废物相关规定进行处理处置

70．污染影响型建设项目应针对（　　）提出源头控制措施，并与相关标准要求相协调。

A．污染影响特征　　B．关键污染源

C．敏感点情况　　D．污染物的迁移途径

71．对污染场地进行修复的模式，包括（　　）等，又称修复策略。

A．原地修复　　B．异地处置

C．自然修复　　D．居民防护和制度控制

72．生态影响型建设项目应结合项目的（　　）的原则提出土壤污染源头防控措施。

A．生态影响特征　　B．按照生态系统功能优化的理念

C．坚持高效适用　　D．关键污染源

73．建设项目根据行业特点与占地范围内的土壤特性，按照相关技术要求采取（　　）措施。

A．过程阻断　　B．污染物削减

C．地面硬化　　D．分区防控

74. 生活垃圾填埋气的净化方法表述正确的有（　　）。

A．溶剂吸收法是目前较为成熟的沼气净化方法

B．采用 MDEA 作为 CO_2 的吸收剂，可分离垃圾沼气中的 CO_2

C．采用 MDEA 为吸收剂的溶剂吸收法，CO_2 脱除率大于 90%

D．采用 MDEA 为吸收剂的溶剂吸收法，CO_2 脱除率大于 95%

参考答案

一、单项选择题

1．A

2．B　【解析】吸附法净化气态污染物是利用固体吸附剂对气体混合物中各组

分吸附选择性的不同而分离气体混合物的方法。

3. B 4. C 5. A 6. B 7. A 8. A 9. B 10. C 11. B 12. C

13. B 【解析】SCR 脱硝技术就是选择性催化还原法脱硝技术。还原剂主要有液氨、氨水和尿素等。

14. C 15. B 16. D 17. B 18. A 19. D 20. C 21. A 22. A 23. B 24. C 25. A 26. A 27. B 28. B 30. C 31. B 32. B

33. C 【解析】UASB 即上流式厌氧污泥床反应器，属于厌氧生物处理法。

34. B 35. C 36. D 37. A

38. A 【解析】该题的意思是采用生化处理的去除率为 80%，采用絮凝处理的去除率为 50%，该工艺先絮凝后生化。絮凝去除率 50%时，COD 变为 450 mg/L，然后再用生化处理工序，去除率 80%时，COD 变为 90 mg/L。

39. B 40. B 41. B 42. A 43. C 45. B 46. A 47. D 48. B 49. C 50. B 51. A 52. C 53. A 54. B 55. D 56. A 57. A

58. C 【解析】根据《危险废物填埋污染控制标准》(GB 18598—2001)中的危险废物安全填埋入场要求，医疗废物和与衬层具有不相容性反应的废物禁止填埋。“导则”和“技术方法”参考教材中都没有列出此内容，但在《危险废物填埋污染控制标准》(GB 18598—2001)原文能找到。

59. C 【解析】医疗废弃物属危险废物，油泥焚烧残渣和生活垃圾焚烧飞灰需经处理后才能进入填埋场处置。

60. B 61. B

62. A 【解析】题干实际上是针对工程施工行为造成的生物影响而言的，虽然施工中需要采取一定的污染防治措施，但这类施工中是难以避免对水生生物造成影响的，所以最有效的措施只能是生态补偿。

63. A 【解析】导则 9.1.1 原文：“土壤环境保护措施与对策应包括：保护的对象、目标，措施的内容、设施的规模及工艺、实施部位和时间、实施的保证措施、预期效果的分析等，在此基础上估算(概算)环境保护投资，并编制环境保护措施布置图。”

64. B 【解析】导则 9.1.3 原文：“改、扩建项目应针对现有工程引起的土壤环境影响问题，提出“以新带老”措施，有效减轻影响程度或控制影响范围，防止土壤环境影响加剧。”

65. A 【解析】导则 9.2.2.2 原文：“生态影响型建设项目应结合项目的生态影响特征、按照生态系统功能优化的理念、坚持高效适用的原则提出源头防控措施。”

66. B 【解析】根据《污染场地土壤修复技术导则》5.2 提出修复目标，“通过对前期获得的场地环境调查和风险评估资料进行分析，结合必要的补充调查，确认污染场地土壤修复的目标污染物、修复目标值和修复范围。”

67．C　【解析】根据《污染场地土壤修复技术导则》6.2.2 现场中试，“如对土壤修复技术适用性不确定，应在污染场地开展现场中试，验证试验修复技术的实际效果，同时考虑工程管理和二次污染防范等。”

68．D　【解析】根据《污染场地土壤修复技术导则》5.2.3 确认修复范围，“确认前期场地环境调查与风险评估提出的土壤修复范围是否清楚，包括四周边界和污染土层深度分布，特别要关注污染土层异常分布情况，比如非连续性自上而下分布。”

69．A　【解析】根据《污染地块风险管控与土壤修复效果评估技术导则》6.1.1.3.5，“对于重金属和半挥发性有机物，在一个采样网格和间隔内可采集混合样。”

二、不定项选择题

1. BD

2. ACD　【解析】排气筒的高度应按《大气污染物综合排放标准》（GB 16297）和行业、地方排放标准的规定计算出的排放速率确定，排气筒的最低高度应同时符合环境影响报告批复文件要求。

3. AD　【解析】选项 D 的正确说法是：应当根据批准的环境影响评价文件的要求在排气筒上建设、安装自动监控设备及其配套设施或预留连续监测装置安装位置。

4. ABCD　5. ABCD　6. ABD　7. ACD

8. ABCD　【解析】重金属废气的基本处理方法包括：过滤法、吸收法、吸附法、冷凝法和燃烧法。

9. BC　10. ABCD

11. ABC　【解析】D 和 E 选项属湿式除尘器。

12. ABDE　【解析】在所有的除尘器中，电除尘器的投资成本相对较高，特别是高效电除尘器的初投资比达 15。

13. ABCE　【解析】选项 D 是除尘器的经济指标。

14. AC　15. BCDE　16. ACE　17. ACD　18. CD　19. ABCDE　20. ACDE

21. ABCD　【解析】活性炭法也可用在氮氧化物的治理。泥煤碱法属氮氧化物的治理方法。

22. BC　【解析】选项 A 的正确说法是：采用厌氧和好氧组合工艺处理废水时，厌氧工艺单元应设置在好氧工艺单元前。选项 D 的正确说法是：在污（废）水达标排放、技术经济合理的前提下应优先选用污泥产量低的处理单元或组合工艺。

23. AB

24. AD　【解析】选项 B 的正确说法是：水污染治理工程的出水水位，应高于受纳水体的常水位。选项 C 的正确说法是：进行水力计算时，应选择距离最长、损失最大的流程，并按最大设计流量计算。

25. BCDE 26. ABD 27. AD

28. BD 【解析】常见的物理法有格栅、筛滤、离心、澄清、过滤、隔油等，混凝、气浮和蒸发均为物理化学法。

29. ABC 【解析】电镀废水的特点是COD、BOD低（可达到排放标准），重金属含量高，通常含有氰，因此，可采取混凝沉淀法去除重金属，氧化还原法脱氰，为了达到排放标准，可采取离子交换法进一步去除重金属。因废水的生化性差，不适宜用活性污泥法；浓度不是非常高，有些金属也不一定能形成晶体，故也不适用于结晶法。

30. ABCD 31. ABCD 32. ABCD 33. ABCD 34. ACD 35. ABC

36. AD 【解析】选项B和C的说法对调才正确。

37. ABD 【解析】选项C的正确说法是：隔振设计既适用于防护机器设备振动或冲击对操作者、其他设备或周围环境的有害影响，也适用于防止外界振动对敏感目标的干扰。

38. ABCD 【解析】隔振装置及支承结构型式，应根据机器设备的类型、振动强弱、扰动频率、安装和检修形式等特点，以及建筑、环境和操作者对噪声与振动的要求等因素统筹确定。

39. BCD 【解析】选项A的正确说法是：应根据噪声源的特点，在所需要消声的频率范围内有足够大的消声量。

40. ABD 41. BCD 42. BCD

43. AD 【解析】选项B的正确说法是：填埋场场址的标高应位于重现期不小于50年一遇的洪水位之上。选项C的正确说法是：填埋场应有足够大的可使用容积，以保证填埋场建成后使用期不少于8～10年。

44. AD 45. ACD

46. BD 【解析】选项B的正确说法是：烟气除尘设备应采用袋式除尘器；选项D的正确说法是：应减少烟气在200～400℃温区的滞留时间。

47. ABCD 【解析】具有爆炸性、易燃性、浸出毒性、腐蚀性、传染性、放射性等的有毒有害废物不应进入卫生填埋场，不得直接填埋医疗废物和与衬层不相容的废物。

48. BCD 【解析】填埋场内应实行雨水与污水分流，减少运行过程中的渗滤液产生量。

49. ACD 【解析】宜对填埋气体进行收集和利用，难以回收和无利用价值时宜将其导出处理后排放。

50. ABC 【解析】选项D的正确说法是：贮存含硫量大于1.5%的煤矸石时，

应采取防止自燃的措施。

51. ABD　52. BD　53. ACD

54. BDE　【解析】根据危险废物安全填埋入场要求，需经预处理后方能入场填埋的有 5 种情况。除题中的三种情况外，含水率高于 85%的废物以及根据《固体废物浸出毒性浸出方法》和《固体废物浸出毒性测定方法》测得的废物浸出液中任何一种有害成分浓度超过 GB 18598—2001 表 5-1 中允许进入填埋区的控制限值的废物也需预处理后方能入场填埋。

55. DE　【解析】根据危险废物安全填埋入场要求，废物可直接入场填埋的有两种情况。

56. BCE　【解析】生态环境保护战略特别注重保护三类地区：一是生态环境良好的地区，要预防对其破坏；二是生态系统特别重要的地区，要加强对其保护；三是资源强度利用，生态系统十分脆弱，处于高度不稳定或正在发生退化的地区。根据不同的地区，贯彻实施各地生态环境保护规划，是生态环保措施必须实施的内容。

57. ACDE　58. BCDE　59. ABDE　60. CDE　61. BD

62. ACE　【解析】当重要物种（如树木）、生境（如林地）及资源受到工程影响时，可采取在当地或异地（工程场址内或场址外）提供同样物种或相似生境的方法进行补偿。例如大型开发区的建设可能会侵占大片林地或草地，可以通过区内适当的绿化面积和绿化类型的搭配加以补偿。就地补偿类似于生态恢复，但建立的新系统和原生态系统不可能也没必要完全一致。异地补偿特别要注意补偿地点和补偿形式与建设地区生态类型和功能的联系，以及补偿量的等当量关系。

63. ABCD

64. ABD　【解析】选项 C 的正确说法是：禁止在重要道路、航道两侧及重要生态环境敏感目标可视范围内进行对景观破坏明显的露天开采。

65. ABCD　66. ABCD

67. ABCD　【解析】导则 9.1.1 原文："土壤环境保护措施与对策应包括：保护的对象、目标，措施的内容、设施的规模及工艺、实施部位和时间、实施的保证措施、预期效果的分析等，在此基础上估算（概算）环境保护投资，并编制环境保护措施布置图。"

68. ACD　【解析】导则 9.1.2 原文："在建设项目可行性研究提出的影响防控对策基础上，结合建设项目特点、调查评价范围内的土壤环境质量现状，根据环境影响预测与评价结果，提出合理、可行、操作性强的土壤环境影响防控措施。"

69. ABCD　【解析】导则 9.1.4 原文："涉及取土的建设项目，所取土壤应满足占地范围对应的土壤环境相关标准要求，并说明其来源；弃土应按照固体废物相关规定进行处理处置，确保不产生二次污染。"

70. BD 【解析】导则 9.2.2 原文："污染影响型建设项目应针对关键污染源、污染物的迁移途径提出源头控制措施，并与 HJ 2.2、HJ 2.3、HJ 19、HJ 169、HJ 610 等标准要求相协调。"

71. ABCD 【解析】根据《污染场地土壤修复技术导则》3.6 修复模式，"对污染场地进行修复的总体思路，包括原地修复、异地修复、异地处置、自然修复、污染阻隔、居民防护和制度控制等，又称修复策略。"

72. ABC 【解析】根据《环境影响评价技术导则 土壤环境（试行）》9.2.2 源头控制措施，生态影响型建设项目应结合项目的生态影响特征、按照生态系统功能优化的理念、坚持高效适用的原则提出源头防控措施。

73. ABD 【解析】根据《环境影响评价技术导则 土壤环境（试行）》9.2.3 过程防控措施，建设项目根据行业特点与占地范围内的土壤特性，按照相关技术要求采取过程阻断、污染物削减和分区防控措施。

74. ACD 【解析】根据垃圾填埋二次污染的防治方法：（2）填埋气的净化。溶剂吸收法是目前较为成熟的沼气净化方法，如采用双塔式溶剂吸收法提纯垃圾沼气，设备简单、成本低、操作简便，净化效果好。

采用 MDEA 作为 CO_2 的吸收剂，可分离垃圾沼气中的 CH_4，供作汽车燃料，或作高热质燃气并入天然气管网用于工业锅炉、民用燃气或发电。

上述工艺的 CO_2 脱除率大于 90%，甲烷回收率 90% ~ 95%，净化气中甲烷含量高于 90%，据介绍，北京某环境工程技术有限公司已进行了该类净化技术的开发。其净化技术为吸收法，操作费用低，投资少，净化度高；所有设备均为国产，操作简单，无二次污染，工艺符合中国国情。

第六章　环境风险分析

一、单项选择题（每题的备选选项中，只有一个最符合题意）

1．根据《建设项目环境风险评价技术导则》，依据（　　），将大气环境敏感程度分为三级。

A．大气环境敏感性　　B．环境敏感目标环境敏感性

C．人口密度　　D．大气功能敏感性

2．某项目事故情况下危险物质泄漏到地表水III类水体，其下游 5 km 有一个水产养殖区，则该项目地表水环境敏感程度分级属于（　　）。

A．环境高度敏感区　　B．环境中度敏感区

C．环境低度敏感区　　D．不敏感

3．某建设项目涉及的物质和工艺系统的危险性等级为 P2，项目所在地的环境敏感程度为 E2，则该建设项目环境风险潜势划分为（　　）级。

A．Ⅰ　　B．Ⅱ　　C．Ⅲ　　D．Ⅳ

4．最大可信事故是指（　　）。

A．在所有预测的概率不为零的事故中，对环境（或健康）危害最严重的事故

B．在所有预测的概率大于 1 的事故中，对环境（或健康）危害最严重的事故

C．基于经验统计分析，在一定可能性区间内发生的事故中，造成环境危害最严重的事故

D．基于合理计算，在一定可能性区间内发生的事故中，造成环境危害最严重的事故

5．关于事故源强的确定，下列说法正确的是（　　）。

A．事故源强设定可采用事件树分析法、计算法和经验估算法

B．火灾伴生/次生的污染物释放可使用计算法确定事故源强

C．以应力作用引起的泄漏型为主的事故可使用经验估算法确定事故源强

D．计算法适用于以腐蚀或应力作用等引起的泄漏型为主的事故

6．下列公式（　　）是用来计算液体泄漏速率的。

A．$Q_L = C_d A\rho\sqrt{\frac{2(p-p_0)}{\rho}+2gh}$　　B．$Q_G = YC_d AP\sqrt{\frac{M\gamma}{RT_G}\left(\frac{2}{\gamma+1}\right)^{\frac{\gamma+1}{\gamma-1}}}$

C．$Q_{LG} = C_d A\sqrt{2\rho_m(p-p_C)}$　　D．$Q_2 = \frac{\lambda S\times(T_0-T_b)}{H\sqrt{\pi\alpha t}}$

7．气体泄漏速率计算公式$Q_G = YC_d AP\sqrt{\frac{M\gamma}{RT_G}\left(\frac{2}{\gamma+1}\right)^{\frac{\gamma+1}{\gamma-1}}}$，$\gamma$表示（　　）。

A．流出系数　　B．气体的绝热指数

C．气体泄漏系数　　D．气体常数

8．下列公式（　　）是用来计算两相流泄漏速度的。

A．$Q_L = C_d A\rho\sqrt{\frac{2(p-p_0)}{\rho}+2gh}$　　B．$Q_G = YC_d AP\sqrt{\frac{M\gamma}{RT_G}\left(\frac{2}{\gamma+1}\right)^{\frac{\gamma+1}{\gamma-1}}}$

C．$Q_{LG} = C_d A\sqrt{2\rho_m(p-p_C)}$　　D．$Q_2 = \frac{\lambda S\times(T_0-T_b)}{H\sqrt{\pi\alpha t}}$

9．下列公式（　　）是用来计算过热液体闪蒸蒸发速率的。

A．$Q_1 = Q_L\times F_v$　　B．$Q_G = YC_d AP\sqrt{\frac{M\gamma}{RT_G}\left(\frac{2}{\gamma+1}\right)^{\frac{\gamma+1}{\gamma-1}}}$

C．$Q_3=\alpha p\frac{M}{RT_0}u^{\frac{(2-n)}{(2+n)}}r^{\frac{(4+n)}{(2+n)}}$　　D．$Q_2 = \frac{\lambda S\times(T_0-T_b)}{H\sqrt{\pi\alpha t}}$

10．一般而言，发生频率小于 10^{-6}/年的事件是（　　）事件，可作为代表性事故情形中最大可信事故设定的参考。

A．最大概率　　B．合理概率　　C．最小概率　　D．极小概率

11．进行物质泄漏量计算时，一般情况下，设置紧急隔离系统的单元，泄漏时间可设定为（　　）min。

A．30　　B．15～30　　C．15　　D．10

12．关于事故源强的确定，以下说法错误的是（　　）。

A．装卸事故，泄漏量按装卸物质流速和管径及失控时间计算

B．油气长输管线泄漏事故，按管道截面 50%断裂估算泄漏量

C．油气长输管线泄漏事故，截断阀启动前，泄漏量按实际工况确定

D．水体污染事故源强应结合污染物释放量、消防用水量及雨水量等因素综合

确定

13. 大气环境风险防范应结合环境风险预测分析结果、区域交通道路和安置场所位置等，提出（　　）人员的疏散通道及安置等应急建议。

A. 平时状态下　　B. 特定状态下

C. 一般状态下　　D. 事故状态下

14. 应急储存设施不应根据（　　）确定。

A. 发生事故的设备容量　　B. 事故时消防用水量

C. 可能进入应急储存设施的雨水量　　D. 最大生产设备容量

15. 地下水环境风险防范应重点（　　）。

A. 采取源头控制和分区防渗措施　　B. 清洁生产

C. 设立风险监控及应急监测系统　　D. 依托园区/区域环境风险防控体系

16. 环境风险应急预案的编制内容不包括（　　）。

A. 预案适用范围　　B. 明确项目危险因素

C. 监控和预警　　D. 预案管理与演练

17. 企业突发环境事件应急预案应体现（　　）。

A. 主要危险物质　　B. 优化的平面布局

C. 分级响应、区域联动的原则　　D. 现有环境风险防范措施的有效性

18. 环境风险评价结论中，对（　　）的建设项目，须提出环境影响后评价的要求。

A. 涉及剧毒物质　　B. 存在较大环境风险

C. 位于敏感区　　D. 污染物排放量较大

19. 某化工企业发生环境风险事故，汽油储罐发生火灾，参与燃烧的汽油为 10 t/s 则火灾伴生/次生污染物中 CO 产生量为（　　）kg/s。

A. 1 188.3　　B. 1 500　　C. 297.1～1 188.3　　D. 243

20. 某建设项目涉及的危险物质有甲烷、甲醇，厂内物质贮存总量分别为 3 t 和 4t，甲烷和甲醇临界量均为 10 t，则该项目风险潜势是（　　）。

A. Ⅰ　　B. Ⅱ　　C. Ⅲ　　D. Ⅳ

二、不定项选择题（每题的备选项中至少有一个符合题意）

1. 在建设项目环境风险评价中，依据（　　），将地下水环境敏感程度分为三级。

A. 地下水功能敏感性　　B. 集中式饮用水水源级别

C. 污染控制难易程度　　D. 包气带防污性能

2. 环境风险潜势，是对建设项目潜在环境危害程度的概化分析表达，是基于

（　　）的综合表征。

A．建设项目涉及的物质　　B．建设项目涉及的工艺系统危险性

C．所在地环境敏感程度　　D．建设项目类别

3．建设项目环境风险潜势划分为（　　）级。

A．Ⅰ　　B．Ⅱ　　C．Ⅲ　　D．Ⅳ　　E．$Ⅳ^{+}$

4．关于危险物质数量与临界量比值（Q），以下说法正确的是（　　）。

A．计算所涉及的每种危险物质在厂界内的最大存在总量与其在附录 B 中对应临界量的比值 Q

B．在不同厂区的同一种物质，按其在厂界内的最大存在总量计算

C．长输管线项目，按照两个截断阀室之间管段危险物质最大存在总量计算

D．将 Q 值划分为：$1 \leqslant Q < 10$、$10 \leqslant Q < 100$、$Q \geqslant 100$

5．以下属于物质危险性识别内容的是（　　）。

A．原辅材料　　B．燃料　　C．中间产品

D．污染物　　E．火灾和爆炸伴生/次生物

6．采用计算法确定事故源强，适用于（　　）。

A．火灾伴生/次生的污染物释放

B．爆炸伴生/次生的污染物释放

C．腐蚀作用引起的泄漏型为主的事故

D．应力作用引起的泄漏型为主的事故

7．泄漏频率的确定方法有（　　）。

A．参考泄漏频率表　　B．事故树分析法

C．事件树分析法　　D．类比法

8．企业应设置事故废水收集和应急储存设施，以满足事故状态下收集（　　）的需要。

A．泄漏物料　　B．初期雨水　　C．污染消防水　　D．污染雨水

9．企业突发环境事件应急预案的编制内容包括（　　）等。

A．预案适用范围　　B．环境事件分类与分级

C．组织机构与职责　　D．善后处置

E．预案管理与演练等内容

10．环境风险管理过程中，应（　　）。

A．针对主要风险源，提出设立风险监控及应急监测系统

B．实现事故预警和快速应急监测、跟踪

C．提出应急物资的管理要求

D．提出人员的管理要求

参考答案

一、单项选择题

1. A　【解析】导则附录 D 原文："D.1 大气环境　依据环境敏感目标环境敏感性及人口密度划分环境风险受体的敏感性，共分为三种类型，E1 为环境高度敏感区，E2 为环境中度敏感区，E3 为环境低度敏感区，分级原则见表 D.1。"

2. B　【解析】导则附录 D.2 原文："排放点进入地表水水域环境功能为Ⅲ类，可判断出地表水敏感性为较敏感 F2；发生事故时，危险物质泄漏到内陆水体的排放点下游（顺水流向）10 km 范围内有水产养殖区，该敏感目标分级属于 S2；根据表 D.2 可判断出该项目地表水环境敏感程度分级属于环境中度敏感区 E2。"

3. C　【解析】根据导则 6.1 节表 2 判断可知，危险物质及工艺系统危险性 P2，项目所在地的环境敏感程度为 E2，则该建设项目环境风险潜势划为Ⅲ级。

4. C　【解析】导则 3.6 原文："最大可信事故是基于经验统计分析，在一定可能性区间内发生的事故中，造成环境危害最严重的事故。"

5. D　【解析】导则 8.2.2 原文："事故源强设定可采用计算法和经验估算法。计算法适用于以腐蚀或应力作用等引起的泄漏型为主的事故；经验估算法适用于以火灾、爆炸等突发性事故伴生/次生的污染物释放。"

6. A　【解析】选项 B 是气体泄漏速度计算公式，选项 C 是两相流泄漏速度计算公式，选项 D 是热量蒸发速度的估算公式。

7. B　【解析】导则附录 F.1.2，γ——气体的绝热指数（比热容比），即定压比热容 C_p 与定容比热容 C_V 之比。

8. C　【解析】选项 A 是液体泄漏速率计算公式，选项 C 是两相流泄漏速率计算公式，选项 D 是热量蒸发速率的估算公式。

9. A　【解析】选项 B 是气体泄漏速率计算公式，选项 C 是质量蒸发速率计算公式，选项 D 是热量蒸发速率的估算公式。

10. D　【解析】导则 8.1.2.3 原文："一般而言，发生频率小于 10^{-6}/年的事件是极小概率事件，可作为代表性事故情形中最大可信事故设定的参考。"

11. D　【解析】导则 8.2.2.1 原文："泄漏时间应结合建设项目探测和隔离系统的设计原则确定。一般情况下，设置紧急隔离系统的单元，泄漏时间可设定为 10 min。"

12. B　【解析】导则 8.2.2.3 原文："a）装卸事故，泄漏量按装卸物质流速和管径及失控时间计算，失控时间一般可按 5～30 min 计。b）油气长输管线泄漏事故，按管道截面 100%断裂估算泄漏量，应考虑截断阀启动前、后的泄漏量。截断阀启动前，泄漏量按实际工况确定；截断阀启动后，泄漏量以管道泄压至与环境压力平衡所需要时间计。c）水体污染事故源强应结合污染物释放量、消防用水量及雨水量等因素综合确定。”

13．D 【解析】导则 10.2.1 原文：“大气环境风险防范应结合风险源状况明确环境风险的防范、减缓措施，提出环境风险监控要求，并结合环境风险预测分析结果、区域交通道路和安置场所位置等，提出事故状态下人员的疏散通道及安置等应急建议。”

14．D 【解析】导则 10.2.2 原文：“应急储存设施应根据发生事故的设备容量、事故时消防用水量及可能进入应急储存设施的雨水量等因素综合确定。”

15．A 【解析】导则 10.2.3 原文：“地下水环境风险防范应重点采取源头控制和分区防渗措施，加强地下水环境的监控、预警，提出事故应急减缓措施。”

16．B 【解析】导则 10.3.1 原文：“按照国家、地方和相关部门要求，提出企业突发环境事件应急预案编制或完善的原则要求，包括预案适用范围、环境事件分类与分级、组织机构与职责、监控和预警、应急响应、应急保障、善后处置、预案管理与演练等内容。”

17．C 【解析】导则 10.3.2 原文：“企业突发环境事件应急预案应体现分级响应、区域联动的原则，与地方政府突发环境事件应急预案相衔接，明确分级响应程序。”

18．B 【解析】导则 11.4 原文：“对存在较大环境风险的建设项目，须提出环境影响后评价的要求。”

19．C 【解析】导则附录 F.3.2，油品火灾伴生/次生一氧化碳产生量公式为

$$G_{co}=2\,330\,qCQ$$

式中，C 为物质中碳的含量，取 85%；q 为化学不完全燃烧值，取 1.5%～6%；Q 为参与燃烧的物质量，t/s。

20． A 【解析】导则附录 C 中 C.1.1，当 $Q<1$ 时，该项目环境风险潜势为 I。

二、不定项选择题

1．AD 【解析】导则附录 D 原文：“D.3 地下水环境 依据地下水功能敏感性与包气带防污性能，共分为三种类型，E1 为环境高度敏感区，E2 为环境中度敏感区，E3 为环境低度敏感区，分级原则见表 D.5。”

2．ABC 【解析】导则 3.2 原文：“环境风险潜势 对建设项目潜在环境危害程度的概化分析表达，是基于建设项目涉及的物质和工艺系统危险性及其所在地环境敏感程度的综合表征。”

3．ABCDE　【解析】导则 6.1 原文："建设项目环境风险潜势划分为Ⅰ级、Ⅱ级、Ⅲ级、Ⅳ/Ⅳ$^+$级。"

4．ABC　【解析】导则附录 C.1.1：计算所涉及的每种危险物质在厂界内的最大存在总量与其在附录 B 中对应临界量的比值 Q。在不同厂区的同一种物质，按其在厂界内的最大存在总量计算。对于长输管线项目，按照两个截断阀室之间管段危险物质最大存在总量计算。将 Q 值划分为：$Q<1$、$1\leqslant Q<10$、$10\leqslant Q<100$、$Q\geqslant 100$。

5．ABCDE　【解析】导则 7.1.1 原文："物质危险性识别，包括主要原辅材料、燃料、中间产品、副产品、最终产品、污染物、火灾和爆炸伴生/次生物等。"

6．CD　【解析】导则 8.2.2 原文："事故源强设定可采用计算法和经验估算法。计算法适用于以腐蚀或应力作用等引起的泄漏型为主的事故；经验估算法适用于以火灾、爆炸等突发性事故伴生/次生的污染物释放。"

7．ABCD　【解析】导则 8.2.1 原文："源项分析应基于风险事故情形的设定，合理估算源强。泄漏频率可参考附录 E 的推荐方法确定，也可采用事故树、事件树分析法或类比法等确定。"

8．ACD　【解析】导则 10.2.2 原文："事故废水环境风险防范应明确'单元—厂区—园区/区域'的环境风险防控体系要求，设置事故废水收集（尽可能以非动力自流方式）和应急储存设施，以满足事故状态下收集泄漏物料、污染消防水和污染雨水的需要。"

9．ABCDE　【解析】导则 10.3.1 原文："按照国家、地方和相关部门要求，提出企业突发环境事件应急预案编制或完善的原则要求，包括预案适用范围、环境事件分类与分级、组织机构与职责、监控和预警、应急响应、应急保障、善后处置、预案管理与演练等内容。"

10．ABCD　【解析】导则 10.2.4 原文："针对主要风险源，提出设立风险监控及应急监测系统，实现事故预警和快速应急监测、跟踪，提出应急物资、人员等的管理要求。"

第七章　环境影响经济损益分析

一、单项选择题（每题的备选选项中，只有一个最符合题意）

1. 通过构建模拟市场来揭示人们对某种环境物品的支付意愿，从而评价环境价值的方法是（　　）。

A. 隐含价格法　　B. 调查评价法　　C. 影子工程法　　D. 机会成本法

2. 通过影响房地产市场价格的各种因素构建环境经济价值方程，得出环境经济价值的方法是（　　）。

A. 影子工程法　　B. 防护费用法　　C. 隐含价格法　　D. 机会成本法

3. 在标准的环境价值评估方法中，下列方法在环境影响经济评价中，最常用而且最经济的是（　　）。

A. 人力资本法　　B. 隐含价格法　　C. 调查评价法　　D. 成果参照法

4. 用复制具有相似环境功能的工程的费用来表示该环境的价值，此法在环境影响经济评价中称为（　　）。

A. 隐含价格法　　B. 影子工程法　　C. 反向评估法　　D. 机会成本法

5. 用于评估环境污染和生态破坏造成的工农业等生产力的损失称为（　　）。

A. 生产力损失法　　B. 旅行费用法

C. 医疗费用法　　D. 人力资本法

6. 恢复或重置费用法、人力资本法、生产力损失法、影子工程法的共同特点是（　　）。

A. 基于人力资本的评估方法　　B. 基于支付意愿衡量的评估方法

C. 基于标准的环境价值评估方法　　D. 基于费用或价格的评估方法

7. 在可能的情况下，下列环境影响经济评价的方法中，（　　）首选考虑。

A. 医疗费用法、机会成本法、影子工程法、隐含价格法

B. 隐含价格法、旅行费用法、调查评价法、成果参照法

C. 人力资本法、医疗费用法、生产力损失法、恢复或重置费用法、影子工程法

D. 反向评估法、机会成本法

8. 环境影响经济评价的方法中，用于评估森林公园、风景名胜区、旅游胜地的环境价值的常用方法是（　　）。

A. 影子工程法　　B. 隐含价格法

C. 恢复或重置费用法　　D. 旅行费用法

9. 成果参照法、隐含价格法、旅行费用法、调查评价法在环境影响经济评价中的共同特点是（　　）。

A. 基于人力资本的评估方法　　B. 基于购买意愿衡量的评估方法

C. 基于标准的环境价值评估方法　　D. 基于费用或价格的评估方法

10. 某地水土流失后的治理费用是85万元/km^2，那么，该地水土流失的环境影响的损失就是85万元/km^2，此种计算方法属于环境影响经济评价方法中的（　　）。

A. 影子工程法　　B. 隐含价格法

C. 恢复或重置费用法　　D. 旅行费用法

11. 某处因噪声污染需安装隔音设施花费70万元，如果这70万元就算是噪声污染的环境影响损失，那此种环境影响经济评价的方法是（　　）。

A. 机会成本法　　B. 防护费用法

C. 恢复或重置费用法　　D. 隐含价格法

12. 森林具有涵养水源的生态功能，假如一片森林涵养水源量是250万m^3，在当地建造1个250万m^{3}库容的水库的费用是380万元，用这380万元的建库费用，来表示这片森林的涵养水源的生态价值，此种环境影响经济评价的方法是（　　）。

A. 隐含价格法　　B. 生产力损失法

C. 恢复或重置费用法　　D. 影子工程法

13. 费用—效益分析法中使用的价格是（　　）。

A. 市场价格　　B. 均衡价格　　C. 使用价格　　D. 预期价格

14. 费用—效益分析法的分析角度是从（　　）出发分析某一项目的经济净贡献的大小。

A. 厂商　　B. 小区　　C. 全社会　　D. 功能区

15. 费用—效益分析法中的经济净现值是反映建设项目对国民经济所做贡献的（　　）指标。

A. 绝对量　　B. 相对量　　C. 环境　　D. 经济

16. 当经济净现值（　　）时，表示该项目的建设能为社会做出贡献，即项目是可行的。

A. 小于零　　B. 大于零　　C. 大于1　　D. 小于1

17. 当项目的经济内部收益率（　　）行业基准收益率时，表示该项目是可行的。

A. 小于　　B. 大于或等于　　C. 等于　　D. 大于

18. 某一环境人们现在不使用，但人们希望保留它，以便将来用在其他项目上，环境的这种价值是（　　）。

A．直接使用价值　B．存在价值　C．间接使用价值　D．选择价值

19．费用—效益分析法中的经济净现值是用（　）将项目计算期内各年的净收益折算到建设起点的现值之和。

A．银行贴现率　B．环境贴现率　C．金融贴现率　D．社会贴现率

20．通过分析和预测一个或多个不确定性因素的变化所导致的项目可行性指标的变化幅度，判断该因素变化对项目可行性的影响程度，此种分析法是（　）。

A．敏感性分析法　B．环境价值法　C．影子工程法　D．反向评估法

21．环境影响经济损益分析中最关键的一步是（　）。

A．量化环境影响　B．筛选环境影响

C．对量化的环境影响进行货币化　D．对量化的环境影响进行对比分析

22．理论上，环境影响经济损益分析的步骤是按（　）进行。

A. 筛选环境影响→量化环境影响→评估环境影响的货币化价值→将货币化的环境影响价值纳入项目的经济分析

B. 量化环境影响→筛选环境影响→评估环境影响的货币化价值→将货币化的环境影响价值纳入项目的经济分析

C. 筛选环境影响→评估环境影响的货币化价值→量化环境影响→将货币化的环境影响价值纳入项目的经济分析

D. 筛选环境影响→量化环境影响→将货币化的环境影响价值纳入项目的经济分析→评估环境影响的货币化价值

23．将货币化的环境影响价值纳入项目的经济分析时，关键是将估算出的环境影响价值纳入（　）。

A．环境现金流量表　B．经济现金流量表

C．社会现金流量表　D．财务现金流量表

24．森林具有平衡碳氧、涵养水源等功能，这是环境的（　）。

A．非使用价值　B．直接使用价值

C．间接使用价值　D．存在价值

25．假如一片森林的涵养水源量是 100 万 m^3，在当地建设一座有效库容为 100 万 m^3 的水库所需费用是 400 万元，此费用表示该森林的涵养水源功能价值，此方法称为（　）。

A．防护费用法　B．恢复费用法　C．影子工程法　D．机会成本法

二、不定项选择题（每题的备选项中至少有一个符合题意）

1．环境的使用价值通常包含（　）。

A．直接使用价值　B．间接使用价值

C．非使用价值　　D．选择价值

2．下列（　　）具有完善的理论基础，能对环境价值有一个正确的度量。

A．成果参照法　　B．隐含价格法　　C．人力资本法

D．医疗费用法　　E．调查评价法

3．下列（　　）具有完善的理论基础，能对环境价值有一个正确的度量。

A．旅行费用法　　B．生产力损失法　　C．影子工程法

D．隐含价格法　　E．防护费用法

4．下列（　　）能够用于评估环境污染的健康影响。

A．影子工程法　　B．生产力损失法　　C．人力资本法

D．旅行费用法　　E．医疗费用法

5．为避免某呼吸道疾病 1 个病日，人们的支付愿意是 50 元。而当前该疾病持续 7 天，该疾病第一年估计影响该区域 100 万人的 1%，则这一健康影响第一年的总价值是 350 万元。那么总价值受下列哪些内容影响？（　　）

A．单位价值　　B．受影响的人数

C．受影响的天数　　D．受影响的范围

6．在费用—效益分析法中，判断项目的可行性，重要的判断指标是（　　）。

A．费用利润率　　B．经济净现值

C．成本利润率　　D．经济内部收益率

7．环境影响经济损益分析时，对环境影响的筛选，一般情况从下列哪些方面筛选？（　　）

A．影响小或不重要　　B．影响是否不确定或过于敏感

C．影响是正面的或负面的　　D．影响是否是内部的或已被控抑

E．影响能否被量化和货币化

8．环境影响经济损益分析时，对环境影响的筛选，可以不考虑做损益分析的是（　　）。

A．难以定量化的环境影响　　B．项目设计时已被控抑的环境影响

C．小的、轻微的环境影响　　D．环境影响本身是否发生具有不确定性

E．内部的环境影响

9．环境影响经济损益分析时，对环境影响的筛选，要考虑做损益分析的是（　　）。

A．能货币化的环境影响　　B．项目设计时未被控抑的环境影响

C．政治上过于敏感的环境影响　　D．人们对该环境影响的认识存在较大的分歧

E．大的、重要的环境影响

10．环境的总价值包括（　　）。

A．存在价值　　B．遗赠价值　　C．选择价值
D．间接使用价值　　E．直接使用价值

11．费用-效益分析的步骤主要包括（　　）。

A．筛选环境影响　　B．编制经济现金流量表
C．量化环境影响　　D．计算项目的可行性指标
E．评估环境影响的货币化价值

参考答案

一、单项选择题

1. B　2. C　3. D　4. B　5. A　6. D

7. B　【解析】选项 B 是有完善的理论基础的环境价值评估方法，也称标准的环境价值评估方法。

8. D　9. C　10. C　11. B　12. D　13. B　14. C

15. A　【解析】经济内部收益率是反映建设项目对国民经济所作贡献的绝对指标。

16. B　17. D　18. D　19. D　20. A　21. C　22. A　23. B　24. C

25. C　【解析】从参考教材中可直接找到答案。

二、不定项选择题

1. ABD　【解析】此题主要考查环境除有直接使用价值和间接使用价值外还有选择价值。

2. ABE　【解析】有完善的理论基础的环境价值评估方法也称标准的环境价值评估方法。

3. AD　4. CE　5. ABC　6. BD　7. ABDE　8. ABCDE　9. ABE　10. ABCDE　11. BD

第八章　建设项目竣工环境保护验收监测与调查

一、单项选择题（每题的备选选项中，只有一个最符合题意）

1.《建设项目竣工环境保护验收管理办法》中，（　　）是建设项目竣工环境保护验收的责任主体。

A．环境保护部门　　B．建设单位

C．审批部门　　D．环评单位

2. 建设项目竣工环境保护验收污染物排放标准原则上执行（　　）

A．环境影响报告书（表）及其审批部门审批决定规定的标准

B．按新发布或修订的标准执行

C．按原标准核对，新标准进行校核

D．执行相应的现行标准。

3. 建设项目竣工环境保护验收时，对大气有组织排放的点源，应对照行业要求，考核（　　）。

A．最高允许排放浓度

B．最高允许排放速率

C．最高允许排放浓度和最高允许排放速率

D．监控点与参照点浓度差值和周界外最高浓度点浓度值

4. 建设项目竣工环境保护验收时，大气污染物最高允许排放浓度和最高允许排放速率指的是（　　）。

A．连续 24 h 采样平均值或 24 h 内等时间间隔采集样品平均值

B．连续 1 h 采样平均值

C．连续 24 h 采样平均值

D．连续 1 h 采样平均值或 1 h 内等时间间隔采集样品平均值

5. 建设项目竣工环境保护验收时，位于两控区的锅炉，除执行锅炉大气污染排放标准外，还应执行所在区规定的（　　）。

A．环境质量指标　　B．生态安全控制指标

C．污染物排放达标指标　　D．总量控制指标

6. 建设项目竣工环境保护验收时，对于污水第一类污染物，不分行业和污染排

放方式，也不分受纳水体的功能类别，一律在（　　）排放口考核。

A．单位　　B．污水处理设施

C．车间或车间处理设施　　D．车间

7．建设项目竣工环境保护验收时，对于同一建设单位的不同污水排放口（　　）。

A．可执行不同的标准　　B．不能执行不同的标准

C．只能执行相同的标准　　D．应执行行业排放标准

8．建设项目竣工环境保护验收时，对于清净下水排放口，除非行业排放标准有要求，原则上应执行（　　）。

A．恶臭污染物排放标准　　B．地表水环境质量标准

C．工业污水排放标准　　D．污水综合排放标准

9．建设项目竣工环境保护验收，在计算昼夜等效声级时，需要将夜间等效声级加上（　　）dB 后再计算。

A．10　　B．5　　C．15　　D．8

10．建设项目竣工环境保护验收时，对于评价监测结果，《污水综合排放标准》的值是按污染物的（　　）来评价的。

A．小时浓度值　　B．日均浓度值　　C．月均浓度值　　D．季均浓度值

11．建设项目竣工环境保护验收时，对于评价监测结果，《大气污染物综合排放标准》的值是按污染物的（　　）来评价的。

A．日均浓度值　　B．小时浓度值　　C．季均浓度值　　D．最高排放浓度

12．建设项目竣工环境保护验收监测时，采用的验收标准是（　　）。

A．初步设计时确定的设计指标

B．环境影响评价时依据的标准，有新标准的按照新标准执行时限执行

C．项目投产时的国家或地方污染物排放标准

D．现行的国家或地方污染物排放标准

13．验收调查报告的核心内容是（　　）。

A．环保措施落实情况的调查　　B．补救对策措施和投资估算

C．环境影响调查与分析　　D．施工期环境影响回顾

14．建设项目竣工环境保护验收时，对于验收工况说法正确的是（　　）。

A．在确保主体工程调试工况稳定、环境保护设施运行正常的情况下进行，并如实记录监测时的实际工况

B．工况必须达到 75%以上

C．工况必须达到 70%以上

D．工况必须达到 85%以上

15．建设项目竣工环境保护验收时，验收监测数据应经（　　）审核。

A．一级　　B．二级　　C．三级　　D．四级

16．建设项目竣工环境保护验收时，验收水质监测采样过程中应采集不少于（　　）的平行样。

A．5%　　B．10%　　C．15%　　D．20%

17．建设项目竣工环境保护验收时，声级计在测试前后要有标准发生源进行校准，测量前后仪器的灵敏度相差应不大于（　　）dB。

A．1.2　　B．1.0　　C．0.3　　D．0.5

18．建设项目竣工环境保护验收时，固体废物监测对可以得到标准样品或质量控制样品的项目，应在分析的同时做（　　）的质控样品分析。

A．10%　　B．15%　　C．5%　　D．20%

19．建设项目竣工环境保护验收时，对有明显生产周期的建设项目，废气的采样和测试一般为（　　）个生产周期，每个周期3～5次。

A．1～ 2　　B．2　　C．4～5　　D．2～3

20．建设项目竣工环境保护验收时，对连续生产稳定、污染物排放稳定的建设项目，废气的采样和测试一般不少于（　　）次。

A．2　　B．3　　C．4　　D．5

21．建设项目竣工环境保护验收时，二氧化硫、氮氧化物、颗粒物、氟化物的监控点设在无组织排放源（　　）浓度最高点，相对应的参照点设在排放源（　　）。

A．下风向2～50 m，上风向2～50 m

B．上风向2～50 m，下风向2～50 m

C．下风向10～50 m，上风向10～50 m

D．上风向10～50 m，下风向10～50 m

22．建设项目竣工环境保护验收时，废气无组织排放的监测频次一般不得少于2 d，每天3次，每次（　　）。

A．连续1 h采样或在1 h内等时间间隔采样4个

B．连续1 h采样

C．在1 h内等时间间隔采样4个

D．连续2 h采样或在2 h内等时间间隔采样8个

23．建设项目竣工环境保护验收时，对有明显生产周期的建设项目，废气的采样和测试一般为2～3个生产周期，每个周期（　　）次。

A．1～2　　B．1～3　　C．3～5　　D．2～4

24．建设项目竣工环境保护验收时，废气无组织排放，一氧化碳的监控点设在单位周界外（　　）m范围内浓度最高点。

A．5　　B．10　　C．15　　D．20

25．建设项目竣工环境保护验收时，对非稳定废水连续排放源，采用等时采样方法测试时，每个周期依据实际排放情况，按每（　　）h采样和测试一次。

A．1～2　　B．1～3　　C．2～3　　D．3～4

26．建设项目竣工环境保护验收时，废气无组织排放的监测频次一般不得少于（　　），每天（　　），每次连续1 h采样或在1 h内等时间间隔采样4个。

A．1 d，2次　　B．2 d，4次　　C．1 d，3次　　D．2 d，3次

27．建设项目竣工环境保护验收时，对型号、功能相同的多个小型环境保护设施，废气无组织排放的监测随机抽测设施比例不小于同样设施总数的（　　）。

A．60%　　B．50%　　C．70%　　D．40%

28．建设项目竣工环境保护验收时，对生产稳定且污染物排放有规律的废水排放源，以生产周期为采样周期，采样不得少于（　　）个周期，每个周期3～5次。

A．2　　B．3　　C．4　　D．1

29．建设项目竣工环境保护验收时，对非稳定废水连续排放源，一般应采用加密的等时间采样和测试方法，一般以每日开工时间或24 h为周期，采样不少于（　　）个周期。

A．1　　B．2　　C．3　　D．4

30．建设项目竣工环境保护验收时，厂界噪声监测频次一般不少于连续（　　）昼夜。

A．1　　B．2　　C．3　　D．4

31．建设项目竣工环境保护验收时，厂界噪声监测无连续监测条件的应测2天，昼夜各（　　）次。

A．4　　B．3　　C．1　　D．2

32．建设项目竣工环境保护验收时，高速公路噪声监测应在公路两侧距路肩小于或等于200 m范围内选取至少（　　）个有代表性的噪声敏感区域，分别设点进行监测。

A．4　　B．3　　C．5　　D．6

33．建设项目竣工环境保护验收时，高速公路噪声监测应在公路垂直方向距路肩（　　）设点进行噪声衰减测量。

A．30 m、60 m、90 m、120 m、180 m　　B．15 m、30 m、60 m、120 m、150 m

C．20 m、40 m、60 m、80 m、120 m　　D．10 m、20 m、40 m、80 m、160 m

34．建设项目竣工环境保护验收时，高速公路噪声监测应在声屏障保护的敏感建筑物户外（　　）m处布设观测点位，进行声屏障的降噪效果测量。

A．3　　B．1.5　　C．2　　D．1

35．建设项目竣工环境保护验收时，高速公路噪声监测，应选择车流量有代表性的

路段，在距高速公路路肩（　　）m，高度大于 1.2 m 范围内布设 24 h 连续测量点位。

A．50　　B．60　　C．70　　D．80

36．建设项目竣工环境保护验收时，高速公路噪声敏感区域和噪声衰减测量，连续测量（　　），每天测量（　　），昼、夜间各 2 次。

A．2 d，4 次　　B．1 d，2 次　　C．3 d，2 次　　D．2 d，8 次

37．建设项目竣工环境保护验收时，水环境质量测试一般为（　　）d，1～2 次/d。

A．2～3　　B．1　　C．1～3　　D．2

38．建设项目竣工环境保护验收时，环境空气质量测试一般不少于（　　）d。

A．2　　B．1　　C．3　　D．4

39．建设项目竣工环境保护验收时，环境噪声测试一般不少于（　　）d。

A．2　　B．1　　C．3　　D．4

40．建设项目竣工环境保护验收时，振动监测点应置于建筑物室外（　　）m 以内振动敏感处。

A．0.5　　B．1　　C．1.5　　D．2

41．建设项目竣工环境保护验收时，电磁辐射的监测频次是在正常工作时段上，每个监测点监测（　　）次。

A．4　　B．3　　C．2　　D．1

42．建设项目竣工环境保护验收时，噪声监测因子是（　　）。

A．倍频带声压级　　B．等效连续 A 声级　　C．总声级　　D．A 声级

43．建设项目竣工环境保护验收时，对工业企业而言，噪声监测点一般设在工业企业单位法定厂界外（　　）m、高度（　　）m 处。

A．0.5，1　　B．1，1.2　　C．1，1.5　　D．1.2，1.5

44．除需要取得排污许可证的污染防治设施外，其他环境保护设施的验收期限一般不超过（　　）。

A．3 个月　　B．6 个月　　C．12 个月　　D．1 年以上

45．验收报告公示期满后（　　）内，建设单位应当登录全国建设项目竣工环境保护验收信息平台，填报建设项目基本信息、环境保护设施验收情况等相关信息，环境保护主管部门对上述信息予以公开。

A．10 个工作日　　B．7 个工作日　　C．5 个工作日　　D．7 天

二、不定项选择题（每题的备选项中至少有一个符合题意）

1．《建设项目竣工环境保护验收管理办法》明确将建设项目分为（　　）。

A．以第一、第二产业影响为主的项目　　B．以污染排放为主的项目

C．以生态影响为主的项目　　D．以第三产业影响为主的项目

2．建设项目竣工环境保护验收重点的依据主要包括（　　）。

A．国家相关的产业政策及清洁生产要求项目

B．国家法律法规、行政规章及规划确定的敏感区

C．环境影响评价文件及其批复规定应采取的各项环境保护措施，以及污染物排放、敏感区域保护、总量控制要求

D．项目可研、批复以及设计文件确定的项目建设规模、内容、工艺方法及与建设项目有关的各项环境设施

E．公众调查时，当地居民要求应采取的各项环境保护措施

3．建设项目竣工环境保护验收时，核查验收范围应包括（　　）。

A．核查工程组成、辅助工程、公用部分等

B．核实验收标准

C．核查周围是否存在环境保护敏感区

D．核实该项目环境保护设施建成及环保措施落实情况

4．建设项目竣工环境保护验收达标的主要依据是（　　）。

A．生产安全达标　　B．污染物达标排放

C．环境质量达标　　D．总量控制满足要求

5．建设项目竣工环境保护验收的重点是（　　）。

A．核查验收环境管理　　B．核实验收标准

C．核查验收工况　　D．核查验收监测（调查）结果

E．核查验收范围

6．为使验收监测结果全面真实地反映建设项目污染物排放和环境保护设施的运行效果，下列验收采样频次正确的是（　　）。

A．有明显生产周期、污染物稳定排放的建设项目，污染物的采样和监测频次一般为 2～3 个周期

B．无明显生产周期、污染物稳定排放、连续生产的建设项目，废水采样和监测频次一般不少于 1 天，每天不少于 4 次

C．无明显生产周期、污染物稳定排放、连续生产的建设项目，厂界噪声监测一般不少于 2 天，每天不少于昼夜各 1 次

D．无明显生产周期、污染物稳定排放、连续生产的建设项目，废气采样和监测频次一般不少于 2 天、每天不少于 3 个样品

E．无明显生产周期、污染物稳定排放、连续生产的建设项目，固体废物（液）采样一般不少于 2 天，每天不少 3 个样品

7．建设项目竣工环境保护验收监测与调查标准的选用原则包括（　　）。

A．地方环境保护行政主管部门有关环境影响评价执行标准的批复以及下达的污染物排放总量控制指标

B．环境监测方法应选择与环境质量标准、排放标准相配套的方法

C．综合性排放标准优先行业排放标准执行

D．建设项目环保初步设计中确定的环保设施设计指标

E．国家、地方环境保护行政主管部门对建设项目环境影响评价批复的环境质量标准和排放标准

8．建设项目竣工环境保护验收时，对大气有组织排放的点源，应对照行业要求，考核（　　）。

A．最高允许排放浓度　　B．最高允许排放速率

C．监控点与参照点浓度差值　　D．周界外最高浓度点浓度值

9．下列（　　）行业推荐编制验收监测方案。

A．石化　　B．化工　　C．冶炼

D．印染　　E．造纸

10．建设项目竣工环境保护验收时，属于污染物达标排放监测的内容是（　　）。

A．建设项目的无组织排放

B．各种废水、废气处理设施的处理效率

C．国家规定总量控制污染物指标的污染物排放总量

D．排放到环境中的各种有毒工业固（液）体废物及其浸出液

E．建设项目的废水排放浓度及排放量

11．建设项目竣工环境保护验收时，环境保护管理检查的内容有（　　）。

A．施工期、试运行期扰民现象的调查

B．清洁生产

C．“以新带老”环保要求的落实

D．工业固（液）体废物处理设施的处理效率

E．事故风险的环保应急计划

12．建设项目竣工环境保护验收时，生态影响调查的方法有（　　）。

A．文件资料调查　　B．现场勘察

C．公众意见调查　　D．遥感调查

13．轨道交通类项目竣工环境保护验收时，环境保护设施勘察主要包括（　　）。

A．环境保护管理规章制度的建立　　B．声屏障及各类消声、隔声设施

C．废水处理设施　　D．停车场、车辆段的废气处理设施

14．建设项目环境保护设施存在下列（　　）情形之一的，建设单位不得提出验收合格的意见。

A．建设单位因该建设项目违反国家和地方环境保护法律法规受到处罚，被责令改正，尚未改正完成的

B．按环境影响报告书（表）及其审批部门审批决定要求建成环境保护设施，或者环境保护设施不能与主体工程同时投产或者使用的

C．纳入排污许可管理的建设项目，无证排污或者不按证排污的

D．建设过程中造成重大环境污染未治理完成，或者造成重大生态破坏未恢复的

E．验收报告的基础资料数据明显不实，内容存在重大缺项、遗漏，或者验收结论不明确、不合理的

15．建设项目竣工环境保护验收时，当生态类建设项目同时满足下列（　　）要求时，可以通过工程竣工环保验收。

A．目前遗留的环境影响问题能得到有效处理解决

B．防护工程本身符合设计、施工和使用要求

C．不存在重大的环境影响问题

D．环评及批复所提环保措施得到了落实

E．有关环保设施已建成并投入正常使用

16．建设项目竣工环境保护验收过程中，建设单位应当通过其网站或其他便于公众知晓的方式，向社会公开信息，下列说法正确的是（　　）。

A．建设项目配套建设的环境保护设施竣工后，公开竣工日期

B．验收报告编制完成后5个工作日内，公开验收报告，公示的期限不得少于20个工作日

C．按照国家需要保密的情形，无须进行信息公开

D．对建设项目配套建设的环境保护设施进行调试前，公开调试的起止日期

参考答案

一、单项选择题

1．B　2．A　3．C　4．D　5．D　6．C　7．A　8．D　9．A　10．B　11．D　12．B　13．C　14．B　15．C

16．B　【解析】实验室分析过程一般也应加不少于10%的平行样。有标准样品或质量控制样品的项目，应在分析的同时做10%的质控样品分析；对无标准样品或质量控制样品的项目，且可进行加标回收测试的，应在分析的同时做10%加标回收样品分析。也就是说这几种情况的数字都是“10%”。

17. D

18. A 【解析】固体废物监测与水质监测的要求基本一样。

19. D 20. B 21. A 22. A 23. C

24. B 【解析】二氧化硫、氮氧化物、颗粒物、氟化物的监控点设在无组织排放源下风向 2～50 m 浓度最高点，其余污染物的监控点设在单位周界外 10 m 范围内浓度最高点。

25. C 【解析】相同条件下，废气按每 2～4 h 采样和测试一次。

26. D 27. B

28. A 【解析】相同条件下，废气的采样周期为 2～3 个，每个周期 3～5 次。

29. C 【解析】相同条件下，废气的采样周期与废水一样。

30. B 31. D 32. C 33. C 34. D 35. B 36. A 37. C 38. C 39. A 40. A 41. D 42. B 43. B 44.A 45.C

二、不定项选择题

1. BC 2. ABCD 3. ACD 4. BCD 5. ABCDE

6. ADE 【解析】根据《建设项目竣工环境保护验收技术指南　污染影响类》中 6.3.4 验收监测频次确定原则。

7. ABDE 【解析】选项 C 的正确说法是：综合性排放标准与工业排放标准不交叉执行。

8. AB 【解析】选项 C 和 D 是大气无组织排放的点源应考核的内容。

9. ABCDE

10. ACDE 【解析】选项 B 是“环境保护设施运行效果测试”的内容。厂界噪声，公路、铁路及城市轨道交通噪声，码头、航道、机场周围飞机噪声也属达标排放监测的内容。

11. ABCE 【解析】环境保护管理检查的内容，其中选项 A、B、C 的内容易被考生忽略。

12. ABCD 13. BCD 14. ACDE 15. ABCDE 16. ABCD

第九章　公众参与

一、单项选择题（每题的备选选项中，只有一个最符合题意）

1．根据《环境影响评价法》，除国家规定需要保密的情形外，下列环评文件，建设单位应当在报批前征求有关单位、专家和公众意见的有（　　）。

A．规划环境影响篇章　　B．环境影响报告书

C．环境影响报告表　　D．环境影响登记表

2．根据《环境影响评价法》，在报批建设项目环境影响报告书前，进行公众参与的责任主体单位是（　　）。

A．环评单位　　B．审批部门　　C．建设单位　　D．设计单位

3．根据《环境影响评价公众参与办法》，编制环境影响报告书的项目，建设单位应当在确定了承担环境影响评价工作的环境影响评价机构后（　　）内进行第一次公示。

A．5 个工作日　　B．7 个工作日　　C．10 天　　D．15 天

4．根据《环境影响评价公众参与办法》，建设单位在报送环境影响报告书给环境保护行政主管部门审批或者重新审核前，需进行公示的次数及每次公示时间是（　　）。

A．3 次，每次 7 个自然日　　B．3 次，每次 7 个工作日

C．2 次，每次 10 个自然日　　D．2 次，每次 10 个工作日

5．根据《环境影响评价公众参与办法》，（　　）决定组织召开公众座谈会、专家论证会的，应当在会议召开的（　　）前，将会议的时间、地点、主题和可以报名的公众范围、报名办法，通过网络平台和在建设项目所在地公众易于知悉的场所张贴公告等方式向社会公告。

A．建设单位，10 个工作日　　B．当地政府，10 个工作日

C．县级以上生态环境主管部门，7 个工作日　　D．环评单位，7 个工作日

6．根据《环境保护法》，下列关于公众参与的说法，正确的是（　　）。

A．应当编制环境影响文件的建设项目，建设单位应当在编制时向可能受影响的公众说明情况，充分征求意见

B．负责审批环影响评价文件的部门，发现建设项目未充分征求公众意见的，应当责成建设单位征求公众意见

C．负责审批建设项目环境影响评价文件的部门在收到建设项目环境影响报告书

后，应当简本公开

D. 负责审批建设项目环境影响评价文件的部门在收到建设项目环境影响报告书后，应当全文公开

7. 根据《环境保护法》，(　　) 应当如实向社会公开其主要污染物的名称、排放方式、排放浓度和总量、超标排放情况，以及防治污染设施的建设和运行情况，接受社会监督。

A. 所有排污单位　B. 重点排污单位　C. 中等排污单位　D. 一般排污单位

8. 根据《环境保护法》，下列关于信息公开和公众参与的说法，错误的是(　　)。

A. 公民、法人和其他组织依法享有获取环境信息、参与和监督环境保护的权利

B. 省级以上人民政府环境保护主管部门应定期发布环境状况公报

C. 县级以上地方人民政府环境保护主管部门将企业事业单位的环境违法信息记入社会诚信档案，及时向社会公布违法者名单

D. 省级人民政府环境保护主管部门发布国家重点污染源监测信息

9. 根据《建设项目环境影响评价政府信息公开指南（试行)》，下列（　　）内容不属于环境保护主管部门主动公开的。

A. 环境影响评价相关法律、法规、规章及管理程序

B. 建设项目环境影响评价资质管理信息

C. 建设项目立项申请信息

D. 建设项目环境影响评价审批及竣工环境保护验收信息

10. 根据《建设项目环境影响评价政府信息公开指南（试行)》，建设项目环境影响报告书受理情况公开的内容不包括（　　）。

A. 受理日期、项目名称、建设地点、建设单位、环境影响评价机构

B. 公众反馈意见的联系方式

C. 听证权利告知

D. 环境影响报告书全本（除涉及国家秘密和商业秘密等内容外）

二、不定项选择题（每题的备选项中至少有一个符合题意）

1. 根据《环境影响评价公众参与办法》，项目环境影响报告书征求意见稿形成后，建设单位应当公开（　　），征求与该建设项目环境影响有关的意见。

A. 公众意见表的网络链接

B. 征求意见的公众范围

C. 环境影响报告书征求意见稿全文的网络链接

D. 公众提出意见的方式和途径

2. 根据《环境影响评价公众参与办法》，公众参与第一次公示不包含的内容有

（　　）。

A．环境影响报告书编制单位的名称

B．建设项目对环境可能造成影响的概述

C．预防或者减轻不良环境影响的对策和措施的要点

D．建设项目的名称、选址选线、建设内容等基本情况

3．根据《环境影响评价公众参与办法》，公众参与应当公开的信息，建设单位应当通过（　）方式同步公开。

A．网络平台

B．建设项目所在地公众易于知悉的场所张贴公告的方式

C．建设项目所在地公众易于接触的报纸

D．电话通知

4．对于建设项目的公众参与方式，下列符合《环境影响评价公众参与办法》规定的有（　　）。

A．建设单位在当地报纸上发布公众参与第一次公示（公告）

B．建设单位在当地报纸上发布公众参与第二次公示（公告）

C．受委托的环评单位在受影响的居住区内免费发放公众参与第二次公示（公告）宣传单

D．建设单位在评价范围之外的居住区内提供环境影响报告书的简本

5．根据《环境保护法》，县级以上人民政府环境保护主管部门和其他负有环境保护监督管理职责的部门，应当依法公开（　　）。

A．环境质量　　B．环境监测

C．突发环境事件　　D．环境行政许可、行政处罚

6．根据《环境保护法》，重点排污单位应当如实向社会公开的信息包括排污单位的（　　）。

A．经营利润

B．主要污染物的名称、排放方式

C．防治污染设施的建设和运行情况

D．主要污染物的排放浓度和总量、超标排放情况

7．根据《建设项目环境影响评价政府信息公开指南（试行）》，环境影响评价政府信息主动公开的范围包括（　　）。

A．建设项目环境影响评价审批信息

B．建设项目竣工环境保护验收信息

C．建设项目环境影响评价资质管理信息

D．建设项目中涉及国家秘密、商业秘密、个人隐私的信息

8．根据《建设项目环境影响评价政府信息公开指南（试行）》，建设项目环境影响评价文件审批信息的主动公开的内容包括（　　）。

A．受理情况公开　　B．拟做出审批意见公开

C．简本公开　　D．做出审批决定公开

9．根据《建设项目环境影响评价政府信息公开指南（试行）》，符合环境影响评价政府信息主动公开的方式有（　　）。

A．在当地环境保护局的网站公开　　B．在行政服务大厅窗口公开

C．在当地报纸上公开　　D．在当地电视上公开

10．根据《建设项目环境影响评价政府信息公开指南（试行）》，建设项目环境影响报告书受理情况公开的内容包括（　　）。

A．项目名称、建设地点、受理日期、建设单位、环境影响评价机构

B．听证权利告知

C．公众反馈意见的联系方式

D．环境影响报告书全本（除涉及国家秘密和商业秘密等内容外）

参考答案

一、单项选择题

1. B

2. C　【解析】环评法规定建设单位应当在报批建设项目环境影响报告书前，举行论证会、听证会，或者采取其他形式，征求有关单位、专家和公众的意见。

3. B　【解析】建设单位应当在确定环境影响报告书编制单位后 7 个工作日内，通过其网站、建设项目所在地公共媒体网站或者建设项目所在地相关政府网站进行第一次公示。

4. D　【解析】所有的公示时间都是工作日，不是自然日。在送审稿之后的公示就是行政管理部门的事了。

5. A

6. B　【解析】《环境保护法》第五十六条：对依法应当编制环境影响报告书的建设项目，建设单位应当在编制时向可能受影响的公众说明情况，充分征求意见。负责审批建设项目环境影响评价文件的部门在收到建设项目环境影响报告书后，除涉及国家秘密和商业秘密的事项外，应当全文公开；发现建设项目未充分征求公众意见的，应当责成建设单位征求公众意见。

7. B　【解析】《环境保护法》第五十五条：重点排污单位应当如实向社会公开

其主要污染物的名称、排放方式、排放浓度和总量、超标排放情况，以及防治污染设施的建设和运行情况，接受社会监督。

8. D 【解析】《环境保护法》第五十四条：国务院环境保护主管部门统一发布国家环境质量、重点污染源监测信息及其他重大环境信息。

9. C 10. C

二、不定项选择题

1. ABCD

2. BC 【解析】BC选项不属于第一次公示的内容。

3. ABC 【解析】《环境影响评价公众参与办法》第十一条：依照本办法第十条规定应当公开的信息，建设单位应当通过下列三种方式同步公开：（一）通过网络平台公开，且持续公开期限不得少于10个工作日；（二）通过建设项目所在地公众易于接触的报纸公开，且在征求意见的10个工作日内公开信息不得少于2次；（三）通过在建设项目所在地公众易于知悉的场所张贴公告的方式公开，且持续公开期限不得少于10个工作日。

鼓励建设单位通过广播、电视、微信、微博及其他新媒体等多种形式发布本办法第十条规定的信息。

4. AB 【解析】第二次公示发布的主体单位及征求公众意见的主体是建设单位。另外，公告方式只要是在评价范围内便利公众知情的信息公告方式都可以。

5. ABCD 【解析】《环境保护法》第五十四条：县级以上人民政府环境保护主管部门和其他负有环境保护监督管理职责的部门，应当依法公开环境质量、环境监测、突发环境事件以及环境行政许可、行政处罚、排污费的征收和使用情况等信息。

县级以上地方人民政府环境保护主管部门和其他负有环境保护监督管理职责的部门，应当将企业事业单位和其他生产经营者的环境违法信息记入社会诚信档案，及时向社会公布违法者名单。

6. BCD 【解析】《环境保护法》第五十五条：重点排污单位应当如实向社会公开其主要污染物的名称、排放方式、排放浓度和总量、超标排放情况，以及防治污染设施的建设和运行情况，接受社会监督。

7. ABC 【解析】除三个选项的范围要公开外，环境影响评价相关法律、法规、规章及管理程序也应主动公开。

8. ABD 9. ABCD

10. ACD 【解析】选项B的内容在“拟做出审批意见公开”阶段应该有，而受理情况公开阶段不需要。

第十章　综合练习（一）

一、单项选择题（每题的备选选项中，只有一个最符合题意）

1．在建设项目环境风险评价中，未设置紧急隔离系统的单元，物质泄漏时间可设定为（　　）min。

A．30　　B．10　　C．15～30　　D．15

2．建设项目环境风险潜势为Ⅳ$^+$级，说明项目具有（　　）环境风险。

A．极低　　B．极高　　C．轻度　　D．高度

3．某工业项目使用液氨为原料，每年工作 8 000 h，用液氨 1 000 t（折纯），其中 96%的氨进入主产品，3.5%的氨进入副产品，0.3%的氨进入废水，剩余的氨全部以无组织形式排入大气。则用于计算卫生防护距离的氨排放参数是（　　）kg/h。

A．0.15　　B．0.25　　C．0.28　　D．0.38

4．某厂燃煤锅炉烟气排放量为 2 万 m^3/h，SO_2 浓度为 800 mg/m^3，排放浓度符合国家规定的排放标准要求，假定锅炉全年运行 7 200 h，该厂 SO_2 排放总量控制指标建议值可为（　　）。

A．384 kg/d　　B．18 kg/h　　C．140.16 t/a　　D．115.20 t/a

5．工程分析中将没有排气筒的源或高度低于（　　）m 排气筒的源定位为无组织排放源。

A．15　　B．20　　C．25　　D．30

6．某建设项目，排气筒 A 和 B 相距 40 m，高度分别为 25 m 和 40 m，排放同样的污染物。排气筒 A、B 排放速率分别为 0.52 kg/h 和 2.90 kg/h，其等效排气筒排放速率是（　　）kg/h。

A．1.7　　B．1.83　　C．2.95　　D．3.42

7．大气颗粒污染物按气态考虑时，其粒径应为（　　）μm。

A．＜15　　B．＜30　　C．＜50　　D．＜100

8．某城市有 6 个环境空气例行监测点，各点 TSP 日平均浓度监测值如下表，TSP 日平均浓度执行《环境空气质量标准》（GB 3095—2012）的二级标准（0.30 mg/m^3），该城市现状监测值的最大超标为（　　）倍。

点位	TSP 日平均浓度/（mg/m^3）	点位	TSP 日平均浓度/（mg/m^3）
1	0.20～0.27	4	0.20～0.36
2	0.25～0.31	5	0.3～0.42
3	0.21～0.25	6	0.18～0.28

A．0.1　　B．0.2　　C．0.4　　D．0.5

9．某监测点全年 SO_2 质量监测数据 200 个，其中有 30 个超标，5 个未检出，5 个不符合监测技术规范要求，SO_2 全年超标率为（　　）。

A．15.0%　　B．15.4%　　C．15.8%　　D．17.0%

10．某监测点 TSP 日平均浓度为 0.36 mg/m^3，超过环境空气质量二级标准，其超标倍数为（　　）。

A．0.2　　B．1.2　　C．2.0　　D．2.2

11．某车间烟气的原含尘浓度是 15 000 mg/m^3 时，除尘器的除尘效率至少要达到（　　）才能满足排放标准 100 mg/m^3 的要求。

A．98.5%　　B．99.0%　　C．99.2%　　D．99.3%

12．已知采样时的饱和溶解氧浓度估算为 9.0 mg/L，河流断面实测溶解氧为 10.0 mg/L，该断面执行地表水 III 类标准，溶解氧限值 5.0 mg/L，则该断面溶解氧的标准指数为（　　）。

A．−0.25　　B．0.25　　C．2.0　　D．5.0

13．甲地区环境空气现状监测中，测得二氧化氮小时地面浓度最大值为 0.28 mg/m^3，执行环境质量二级标准（0.20 mg/m^3），其超标倍数是（　　）。

A．2.33　　B．1.33　　C．1.40　　D．0.40

14．若进行一年二氧气化硫的环境质量监测，每天测 20 h，每小时采样时间 45 min 以上，每月测 12 d。在环评中这些资料可用于统计分析二氧化硫的（　　）。

A．1 小时平均浓度　　B．日平均浓度　　C．季平均浓度　　D．年平均浓度

15．统计风玫瑰图资料时，除考虑 16 个方位的风向频率外，还需统计（　　）。

A．静风频率　　B．风速频率　　C．小风频率　　D．大气稳定度

16．某建成项目有两个排气筒，据实际需要两根排气筒的高度都为 12 m，SO_2 实际排放速率一根为 1.0 kg/h，另一根为 0.8 kg/h；两根排气筒的直线距离为 10 m。该项目排气筒 SO_2 排放速率是否达标？（15 m 排气筒执行最高允许排放速率为 3.0 kg/h）（　　）

A．达标　　B．不达标　　C．无法确定

17．根据危险废物安全填埋入场要求，禁止填埋的是（　　）。

A．含水率小于 75%的废物　　B．含铜、铬固体废物

C．医疗废物　　D．含氰化物固体废物

18．拟建危险废物填埋场的天然基础层饱和渗透系数大于 1.0×10^{-6} cm/s，应选择渗透系数不大于（　　）cm/s 的人工合成材料进行防渗处理。

A．1.0×10^{-7}　　B．1.0×10^{-9}　　C．1.0×10^{-12}　　D．1.0×10^{-11}

19．建设项目竣工环保验收监测中，对有明显生产周期的废气排放源，采样和测试一般应选择（　　）个生产周期为宜。

A．1　　B．2～3　　C．4～5　　D．6～7

20．某企业 A 车间废水量 100 t/d，废水水质为 pH 值 2.0，COD 浓度 2 000 mg/L；B 车间废水量也为 100 t/d，废水水质为 pH 值 6.0，COD 浓度 1 000 mg/L，上述 A、B 车间废水纳入污水站混合后水质为（　　）。

A．pH 值 4.0，COD 1 500 mg/L　　B．pH 值 4.0，COD 1 800 mg/L

C．pH 值 2.3，COD 1 500 mg/L　　D．pH 值 3.3，COD 1 800 mg/L

21．当需要预测排放口所在水域形成的混合区范围时，应适当（　　）预测点位。

A．不改变　　B．减少　　C．加密　　D．引用

22．狄龙模型可用于下列（　　）污染因子的预测。

A．总磷　　B．水温　　C．溶解氧　　D．重金属

23．对于感潮河段的下游水位边界确定，应选择（　　）作为基本水文条件进行计算。

A．对应时段潮周期　　B．一个潮周期

C．实测潮位过程　　D．历史最大潮周期

24．当采用（　　）进行水环境影响预测时，可对预测水域进行合理概化。

A．解析法　　B．一维模型　　C．数值解模型　　D．二维模型

25．为预防拟建项目对地下水的污染，环境影响评价中优先进行的是（　　）。

A．合理选址　　B．划定饮用水水源保护区

C．基础防渗　　D．优化生产工艺

26．城市污水处理厂厌氧工艺无组织排放的废气中，含氮污染物主要是（　　）。

A．NO　　B．NO_2　　C．N_2O　　D．NH_3

27．评价废水可生化性的重要指标是（　　）。

A．COD/DO　　B．TOC/COD　　C．DO/TOC　　D．BOD_5/COD

28．传统活性污泥法处理工艺流程示意图如下，其中（2）（3）（4）（5）分别是（　　）。

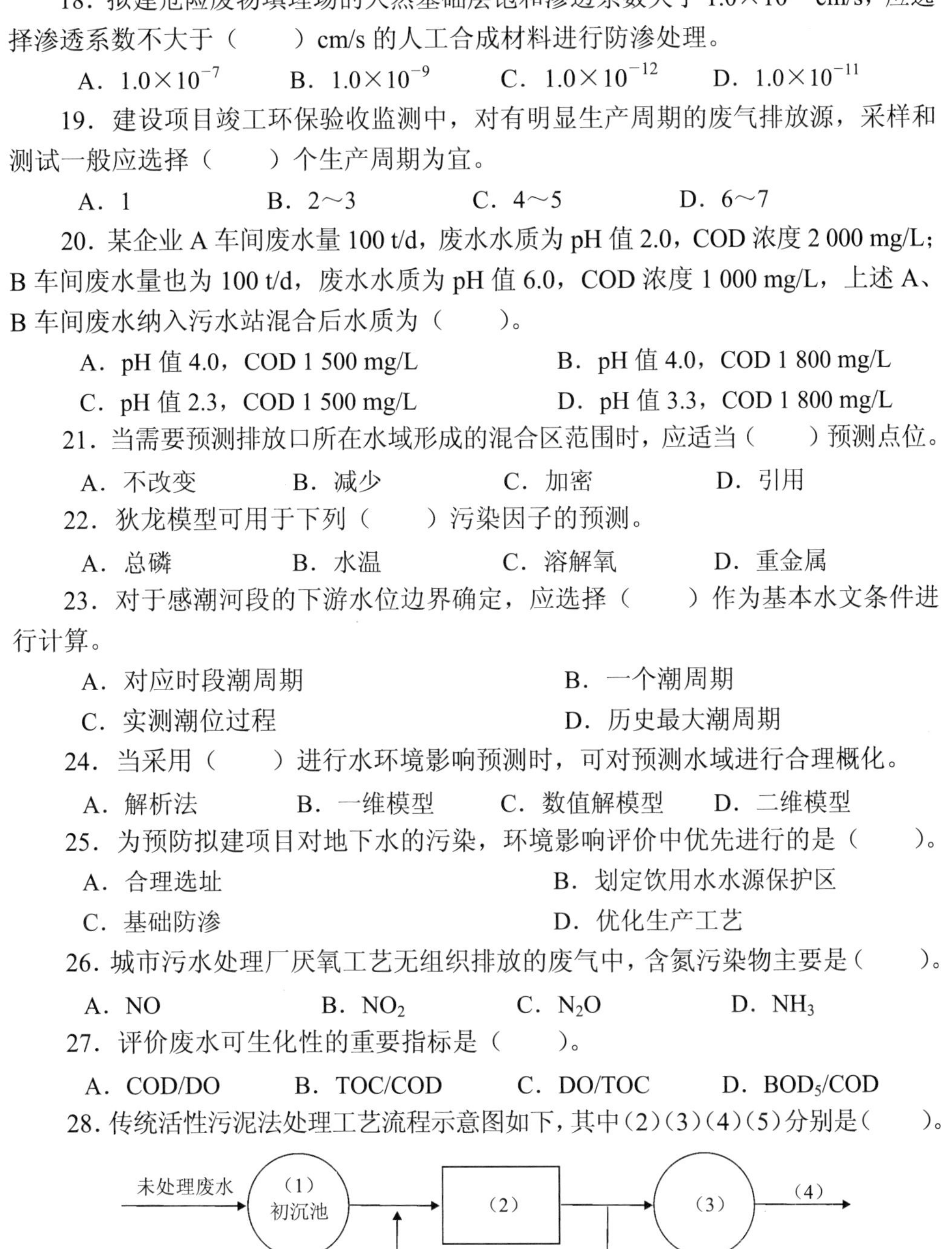

A．二沉池、曝气池、出水、剩余污泥

B．曝气池、二沉池、出水、剩余污泥

C．曝气池、污泥浓缩池、出水、干化污泥

D．曝气池、二沉池、剩余污泥、出水

29．湖泊、水库水质完全混合模式是（　　）模型。

A．三维　　B．二维　　C．一维　　D．零维

30．地表水环境影响预测模型参数确定的方法有（　　）。

A．类比法　　B．数值法　　C．解析法　　D．模型法

31．河流一维稳态水质模型 $C=C_0e^{-kx/u}$ 可以用于（　　）的水质预测。

A．$\alpha\leqslant0.027$ 且 $Pe\geqslant1$　　B．$\alpha\leqslant0.027$ 且 $Pe<1$

C．$0.027<\alpha\leqslant380$　　D．$\alpha>380$

32．采用河流一维对流扩散简化模型进行水质预测，至少要调查（　　）。

A．流量、水面宽、粗糙系数　　B．流速、纵向扩散系数、水面宽

C．水面宽、水深、坡度　　D．流速、综合衰减系数

33．不达标区建设项目选择废水处理措施时，应优先考虑（　　）。

A．水环境质量改善目标　　B．替代源的削减方案实施情况

C．治理效果　　D．最低排放强度和排放浓度

34．COD 反映的是污水中（　　）。

A．有机物在氧化分解时耗用的氧量　　B．可生化降解的有机物含量

C．全部有机物总量　　D．可氧化的物质含量

35．在排污企业排放污染物核算中，通过监测并计算核定日平均水污染物排放量后，按（　　）计算污染物年排放总量。

A．建设单位所属行业平均年工作天数　　B．建设单位年工作的计划天数

C．建设单位年工作的实际天数　　D．行业排放系数

36．由于大气降水使表层土壤中的污染物在短时间内以饱和状态渗流形式进入含水层，这种污染属于（　　）污染。

A．间歇入渗型　　B．连续入渗型

C．含水层间越流型　　D．径流型

37．适用于狭长、均匀河口连续点源模型分析的水文水力学调查，至少包括（　　）等参量。

A．流量、流速和水深　　B．流速、河宽和水深

C．流量、流速和水位　　D．流速、底坡降和流量

38．已知干、支流汇流前的流量分别为 9 m^3/s、1 m^3/s，氨氮浓度分别为 0.2 mg/L、2.0 mg/L，汇流混合后的氨氮平均浓度为（　　）。

A．1.10 mg/L　　B．0.48 mg/L　　C．0.42 mg/L　　D．0.38 mg/L

39．城市污水处理厂尾水排入河流，排放口下游临界氧亏点的溶解氧浓度一般（　　）该排放口断面的溶解氧浓度。

A．高于　　B．低于　　C．略高于　　D．等于

40．某河流拟建引水式电站，将形成 6 km 的减水河段，减水河段无其他水源汇入，下游仅有取水口一个，取水量 2 m^3/s，若减水河段最小生态需水量为 10 m^3/s，问大坝至少应下放的流量为（　　）。

A．2 m^3/s　　B．8 m^3/s　　C．10 m^3/s　　D．12 m^3/s

41．某拟建项目厂址位于平原地区，为调查厂址附近地下潜水水位和流向，应至少布设潜水监测井位（　　）。

A．1 个　　B．2 个　　C．3 个　　D．4 个

42．水污染通过地下岩溶孔道进入含水层造成地下水污染，按污染途径判断该污染类型属于（　　）。

A．间歇入渗型　　B．连续入渗型

C．径流型　　D．含水层间越流型

43．一般认为导致水体富营养化的原因是（　　）的增加。

A．氮、磷　　B．pH、叶绿素 a

C．水温、水体透明度　　D．藻类数量

44．集中式生活饮用水地表水源地硝基苯的限值为 0.017 mg/L。现有一河段连续 4 个功能区（从上游到下游顺序为Ⅱ类、Ⅲ类、Ⅳ类、Ⅴ类）的实测浓度分别为 0.020 mg/L、0.019 mg/L、0.018 mg/L 和 0.017 mg/L。根据标准指数法判断可能有（　　）功能区超标。

A．1 个　　B．2 个　　C．3 个　　D．4 个

45．通用水土流失方程式 $A=R \cdot K \cdot L \cdot S \cdot C \cdot P$ 中，A 是指（　　）。

A．土壤侵蚀模数　　B．土壤侵蚀面积

C．水土流失量　　D．土壤可蚀性因子

46．某次样方调查资料给出了样方总数和出现某种植物的样方数，据此可以计算出该种植物的（　　）。

A．密度　　B．优势度　　C．频度　　D．多度

47．根据初始瓶的溶氧量（IB）、黑瓶的溶氧量（DB）、白瓶的溶氧量（LB）测定初级生产量，净初级生产量等于（　　）。

A．LB−IB　　B．IB−DB　　C．LB−DB　　D．IB+DB

48．描述物种在群落中重要程度的指标是（　　）。

A．样方数、采样频次和样方面积　　B．相对密度、相对优势度和相对频度

C．种数、种类与区系组成　　D．种类总和、样地总面积和样地总数量

49．在环境影响评价中做好（　　）是生态影响评价的重要基础。

A．群落结构分析　　B．物种评价

C．现状调查　　D．水土流失预测

50．对敏感生态保护目标可采取生态补偿、选址选线避让和使生态影响最小化等措施，其采用顺序应该是（　　）。

A．选址选线避让—生态影响最小化—生态补偿

B．生态补偿—选址选线避让—生态影响最小化

C．生态影响最小化—生态补偿—选址选线避让

D．生态影响最小化—选址选线避让—生态补偿

51．生态制图过程中的图件配准是对不同投影、不同比例尺、不同类型的图件进行投影转换和同比例尺转换，以最大可能地满足（　　）要求。

A．视觉　　B．精度　　C．分辨率　　D．图幅尺寸

52. 用放射性标记物测定自然水体中的浮游植物光合作用固定的某元素要用“暗呼吸”法做校正，这是因为植物在黑暗中能吸收（　　）。

A．O^2　　B．H^2　　C．N^2　　D．^{14}C

53．某新建公路拟经过国家重点保护植物集中分布地，工程方案中应优先采取的措施是（　　）。

A．迁地保护　　B．育种种植　　C．货币补偿　　D．选线避让

54. 用黑白瓶测定水体初级生产量，得出初始瓶（IB）、黑瓶（DB）和白瓶（LB）的溶解氧量分别为 5.0 mg/L、3.5 mg/L 和 9.0 mg/L，则净初级生产量和初级生产量分别是（　　）。

A．4.0 mg/L 和 5.5 mg/L　　B．5.5 mg/L 和 1.5 mg/L

C．4.0 mg/L 和 1.5 mg/L　　D．1.5 mg/L 和 5.5 mg/L

55．风力侵蚀强度分级指标包括（　　）。

A．植被覆盖度、年平均风速和年风蚀厚度

B．年平均风速、植被覆盖度和侵蚀模数

C．植被覆盖度、年风蚀厚度和侵蚀模数

D．侵蚀模数、年风蚀厚度和年平均风速

56．公路建设过程中控制（　　）是减少生态影响的重要措施。

A．施工进度　　B．施工机械数量

C．作业时段　　D．作业带宽度

57．在无法获得项目建设前的生态质量背景资料时，应首选（　　）作为背景资料进行类比分析。

A．当地长期科学观测累积的数据资料

B．同一气候带类似生态系统类型的资料

C．全球按气候带和生态系统类型的统计资料

D．当地地方志记载的有关资料

58．当建设项目对生态敏感保护目标可能产生影响时，采取的最好保护措施是（　　）。

A．避让　　B．补偿　　C．迁移　　D．隔离

59．寒温带分布的地带性植被类型为（　　）。

A．雨林　　B．针阔混交林　　C．常绿阔叶林　　D．落叶针叶林

60．某高速公路建设项目竣工环保验收调查时，进行了噪声衰减监测和声环境敏感区监测，未进行车流量监测，由监测统计分析结果可以给出噪声衰减规律和（　　）。

A．设计工况环境保护目标达标状况　　B．噪声影响状况

C．防护措施降噪效果　　D．设计工况声环境达标距离

61．反映地面生态学特征的植被指数 NPVI 是指（　　）。

A．比值植被指数　　B．农业植被指数

C．归一化差异植被指数　　D．多时植被指数

62．输气管道建成后，适合在其上方覆土绿化的植物物种是（　　）。

A．松树　　B．柠条　　C．杨树　　D．苜蓿

63．某隧道工程穿越石灰岩地区，在环境影响评价中，应特别重视（　　）。

A．水文地质条件　　B．隧道长度　　C．出渣量　　D．爆破方式

64．在鱼道设计中必须考虑的技术参数是（　　）。

A．索饵场分布　　B．水流速度　　C．河流水质　　D．鱼类驯化

65．某工程位于华南中低山区，年降水量 1 300 mm 左右，取土场生态恢复拟采用自然恢复方式，数年后可能出现的植被类型是（　　）。

A．云杉群落　　B．红松群落　　C．华山松群落　　D．马尾松群落

66．估算模型 AERSCREEN 所需最高和最低环境温度，一般需选取（　　）资料统计结果。

A．评价区域近 3 年内　　B．评价区域近 5 年内

C．评价区域近 20 年内　　D．评价区域近 20 年以上

67．布袋除尘器的工作原理是（　　）。

A．重力分离　　B．惯性分离　　C．离心分离　　D．过滤分离

68．适合高效处理高温、高湿、易燃易爆含尘气体的除尘器是（　　）。

A．重力沉降室　　B．袋式除尘器　　C．旋风除尘器　　D．湿式除尘器

69．含汞废气的净化方法是（　　）。

A．吸收法　　B．氧化还原法　　C．中和法　D．催化氧化还原法

70．某新建项目大气环境影响评价等级为二级，评价范围内有一在建的120万t/a焦化厂，无其他在建、拟建项目。区域污染源调查应采用（　　）。

A．焦化厂可研资料　　B．类比调查资料

C．物料衡算结果　　D．已批复的焦化厂项目环境影响报告书中的资料

71．某项目采用甲苯作溶剂，废气中甲苯产生量100 kg/h，废气采用两级净化，活性炭吸附去除率为90%，水洗塔去除率为5%。废气中甲苯最终量为（　　）kg/h。

A．5.0　　B．9.5　　C．10.0　　D．95.0

72．某一级评价项目，补充监测布点以20年统计的当地主导风向为轴向，在厂址及主导风向下风向5 km范围内设置（　　）个监测点。

A．6　　B．3　　C．5　　D．1～2

73．对空气柱振动引发的空气动力性噪声的治理，一般采用（　　）的措施。

A．安装减振垫　　B．安装消声器

C．加装隔声罩　　D．设置声屏障

74．在评价噪声源现状时，评价量为最大A声级的是（　　）。

A．稳态噪声　　B．偶发噪声

C．起伏较大的噪声　　D．脉冲噪声

75．某建筑工地采用振捣棒作业时，噪声源5 m处的噪声级为84 dB，距作业点40 m处住宅楼户处环境噪声为67 dB。当振动棒不作业时，该住宅楼外环境背景噪声是（　　）dB。

A．55　　B．60　　C．63　　D．66

76．无限长线声源10 m处噪声级为82 dB，在自由空间传播约至（　　）m处噪声级可衰减为70 dB。

A．40　　B．80　　C．120　　D．160

77．对公路建设项目进行环境保护验收，为获得噪声衰减规律，监测断面上各测点需（　　）布设。

A．任意　　B．按敏感点分布　　C．在建筑物前　　D．按倍距离

78．若已知室内各声源在室内产生的总声压级为L_1（设室内近似为扩散声场），隔墙（或窗户）的传输损失为TL，则室外的声压级L_2为（　　）。

A．L_1−TL　　B．L_1−TL−6　　C．L_1−TL−8　　D．L_1−TL+6

79．公路项目环境影响评价的噪声防治措施中，应优先考虑（　　）。

A．声源控制　　B．声屏障

C．线路与敏感目标的合理距离　　D．个人防护

80．噪声在传播过程中产生的几何发散衰减与声波的（　　）有关。

A．周期　　B．频率　　C．传播距离　　D．波长

81．某拟建工程的声源为固定声源，声环境影响评价范围内现有一固定声源，敏感点分布如下图，声环境现状监测点应优先布置在（　　）敏感点。

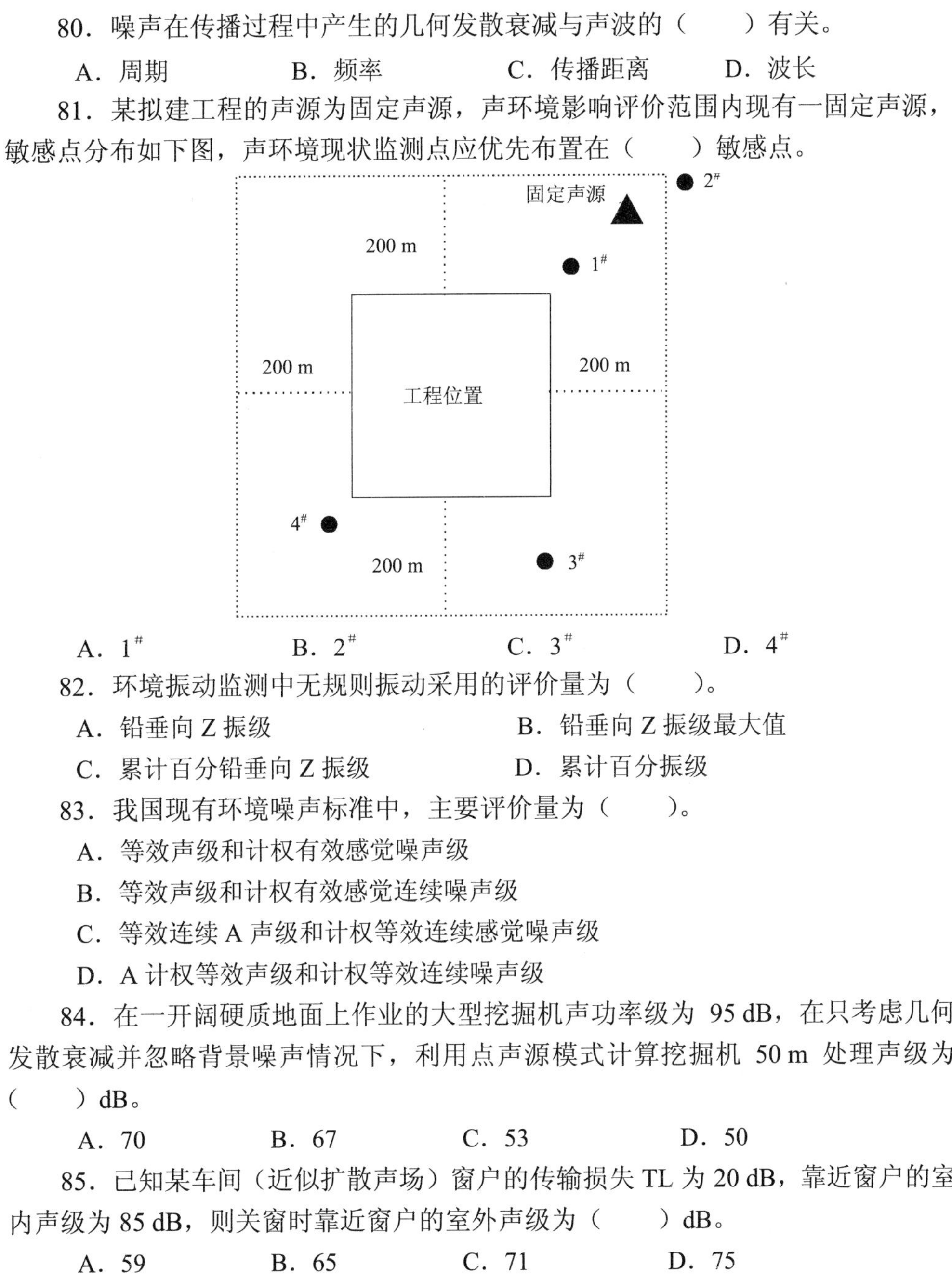

A．1#　　B．2#　　C．3#　　D．4#

82．环境振动监测中无规则振动采用的评价量为（　　）。

A．铅垂向 Z 振级　　B．铅垂向 Z 振级最大值

C．累计百分铅垂向 Z 振级　　D．累计百分振级

83．我国现有环境噪声标准中，主要评价量为（　　）。

A．等效声级和计权有效感觉噪声级

B．等效声级和计权有效感觉连续噪声级

C．等效连续 A 声级和计权等效连续感觉噪声级

D．A 计权等效声级和计权等效连续噪声级

84．在一开阔硬质地面上作业的大型挖掘机声功率级为 95 dB，在只考虑几何发散衰减并忽略背景噪声情况下，利用点声源模式计算挖掘机 50 m 处理声级为（　　）dB。

A．70　　B．67　　C．53　　D．50

85．已知某车间（近似扩散声场）窗户的传输损失 TL 为 20 dB，靠近窗户的室内声级为 85 dB，则关窗时靠近窗户的室外声级为（　　）dB。

A．59　　B．65　　C．71　　D．75

86．点声源 A、B、C 在某一预测点处的噪声叠加值为 75 dB，其中 A、B 两声源对预测点产生的噪声值分别为 61 dB 和 67 dB，则 C 声源对预测点产生的噪声值为（　　）dB。

A. 71　B. 72　C. 73　D. 74

87. 某平直公路段长5 km，路宽7 m，距中心线15 m处噪声为64 dB，不考虑背景噪声情况下，距公路中心线30 m处噪声为（　）dB。

A. 55　B. 57　C. 59　D. 61

88. 计权等效连续感觉噪声级L_{WECPN}计算公式中，昼间（7：00—19：00）、晚上（19：00—22：00）和夜间（22：00—7：00）飞行架次的权重取值分别是（　）。

A. 1、3和10　B. 10、3和1　C. 2、3和10　D. 3、1和10

89. 位于自由空间的点声源A声功率级为85 dB，在仅考虑几何发散衰减时，距声源10 m处的A声级为（　）dB。

A. 85　B. 65　C. 57　D. 54

90. 对于拟建公路、铁路工程，环境噪声现状调查重点需放在（　）。

A. 线路的噪声源强及其边界条件参数

B. 工程组成中固定噪声源的情况分析

C. 环境敏感目标分布及相应执行的标准

D. 环境噪声目标随时间和空间变化情况分析

91. 环境噪声的防治措施优先考虑的环节为（　）。

A. 受体保护

B. 从声源上和传播途径上降低噪声

C. 从声源上降低噪声和受体保护

D. 从传播途径上降低噪声和受体保护

92. 以噪声为主的建设项目，为减轻对周边居民人群的影响，应优先采用的噪声防治措施是（　）。

A. 居住人群搬迁　B. 设置声屏障

C. 加大噪声源与居住区的距离　D. 选用低噪声设备

93. 消声器主要用来降低（　）。

A. 机械噪声　B. 电磁噪声

C. 空气动力性噪声　D. 撞击噪声

94. 从声源上降低噪声的措施是（　）。

A. 敏感目标保护　B. 选用低噪声设备

C. 将噪声源置于地下　D. 调整声源与敏感目标距离

95. 某炼油厂有一露天泵站，型号基本相似，呈线状排列，长60 m，在该泵站垂直平分线上，距中心点5 m处的声级为80 dB（A），10 m处声级为（　）dB（A）。

A. 74.0　B. 75.5　C. 77　D. 78.5

96．现有工程检修期间，某敏感点环境噪声背景值为 50 dB（A），现有工程和扩建工程声源对敏感点的贡献值分别为 50 dB（A）、53 dB（A），该敏感点的预测值为（　　）dB（A）。

A．56　　B．53　　C．51　　D．50

97．已知某一段时间内不同时刻的瞬时 A 声级，要求计算该时段内的等效声级，采用的计算方法是（　　）。

A．算术平均法　　B．能量平均法

C．几何平均法　　D．调和平均法

98．在建设项目土壤环境现状调查资料收集过程中，不需要收集的图件是（　　）。

A．植被类型图　　B．土地利用现状图

C．土地利用规划图　　D．土壤类型分布图

99．以下不属于土壤理化特性调查内容的是（　　）。

A．阳离子交换量　　B．氧化还原电位

C．包气带岩性　　D．孔隙度

100．某改建项目，土壤环境影响评价工作等级为二级，应对现有工程的土壤环境保护措施情况进行调查，并重点调查（　　）的土壤污染现状。

A．敏感点　　B．主要装置或设施附近

C．污水站附近　　D．评价范围内农用地

101．经检测土壤 pH 为 8，则可判断出该土壤属于（　　）。

A．极重度酸化　　B．重度酸化

C．中度酸化　　D．无酸化或碱化

102．对于土壤环境影响评价，涉及三个地区的建设项目，应（　　）开展评价工作。

A．对影响最大的区域　　B．同时

C．分别　　D．对影响较大的地区

103．确认前期场地环境调查与风险评估提出的土壤修复范围是否清楚，特别要关注（　　）。

A．四周边界　　B．污染土层深度分布

C．地下水埋深　　D．污染土层异常分布情况

二、不定项选择题（每题的备选项中至少有一个符合题意）

1．属大气污染源面源的有（　　）。

A．车间　　B．工棚　　C．露天堆料场

D. 15 m 以下排气筒　　E. 锅炉房 20 m 高度的烟囱

2. 声学中所称“声音的三要素”包括（　　）。

A. 发声体　　B. 频率　　C. 传播介质　　D. 受声体

3. 制定生态影响型项目营运期生态跟踪监测方案时，以（　　）作为监测对象。

A. 植被　　B. 国家重点保护物种

C. 地区特有物种　　D. 对环境变化敏感的物种

4. 狄龙模型适合于（　　）水质预测。

A. 湖中氮的　　B. 湖中磷的

C. 光合作用显著的河流的　　D. 水库中氮、磷的

5. 清洁生产指标包括（　　）。

A. 资源能源利用指标　　B. 污染物产生指标

C. 废物回收利用指标　　D. 产值指标

E. 利润指标

6. 大气污染的常规控制技术分为（　　）等。

A. 洁净燃烧技术　　B. 高烟囱烟气排放技术

C. 烟粉尘净化技术　　D. 气态污染物净化技术

7. 在工业污染型项目的工程分析中，应具备的基本图件有（　　）。

A. 工厂平面布置图　　B. 工艺流程图

C. 物料平衡图　　D. 环境监测布点图

E. 评价范围图

8. 一般工业废水预处理单元事故池的主要作用是接纳（　　）。

A. 生产事故废水

B. 风险事故泄漏的液态化学品

C. 严重影响废水处理厂运行的事故废水

D. 循环冷却水系处理厂运行的事故废水

9. 在下列建设项目或规划中，（　　）应划入可能产生“重大环境影响”之列。

A. 跨流域调水工程　　B. 工业区改建规划

C. 市区道路改建工程　　D. 跨区域输变电工程

10. 在固废填埋场中，控制渗滤液产生量的措施有（　　）。

A. 防止雨水在场地积聚　　B. 将地表径流引出场地

C. 最终盖层采用防渗材料　　D. 采取防渗措施防止地下水渗入

11. 某拟建高速公路邻近省级森林生态系统类型的自然保护区实验区，环境影响评价需具备的基本生态图件有（　　）。

A. 土地利用现状图　　B. 植被分布现状图

C．重要保护物种分布图　　D．拟建公路与自然保护区位置关系图

E．自然保护区功能分区图

12．城市污水处理厂污泥稳定过程中（　　）。

A．厌氧消化　　B．好氧消化

C．化学稳定和混合　　D．污泥浓缩

13．在城市垃圾填埋场的环境影响评价中，应（　　）。

A．分析渗滤液的产生量与成分

B．评价渗滤液处理工艺的适用性

C．预测渗滤液处理排放的环境影响

D．评价控制渗滤液产生量的措施有效性

14．为满足噪声源噪声级的类比测量要求，应当选取与建设项目噪声源（　　）进行。

A．相似的型号规格　　B．相近的工况

C．相似的环境条件　　D．相同的测量时段

15．河流完全混合过程长度估值时，需要（　　）等数据。

A．水面宽度　　B．排放口到岸边距离

C．断面流速　　D．横向扩散系数

16．下列属于水动力及水质模型中所需参数的有（　　）。

A．流量　　B．流速　　C．糙率　　D．扩散系数

17．生态影响评价中，陆生野生动物的调查内容一般应包括（　　）。

A．动物种类及区系组成　　B．分布范围及生境状况

C．种群数量及繁殖规律　　D．迁徙行为及迁徙通道

18．用指标对比法时清洁生产评价的工作内容包括（　　）。

A．收集相关行业清洁生产标准　　B．预测项目的清洁生产指标值

C．将预测值与清洁生产标准值对比　D．得出清洁生产评价结论

E．提出清洁生产改进方案和建议

19．在城市垃圾填埋场的环境影响评价中，应对（　　）进行分析或评价。

A．填埋场废气产量　　B．废气的综合利用途径

C．集气、导气系统失灵状况下的环境影响　　D．废气利用方案的环境影响

20．公路建设项目环境影响评价中，减少占用耕地可行的工程措施有（　　）。

A．优化线路方案　　B．高填方路段收缩路基边坡

C．以桥梁代替路基　　D．编制基本农田保护方案

21．从河流 A 的上游筑坝，跨流域调水补给河流 B 的中游，其生态影响评价范围应包括（　　）。

A．河流A的上游　　B．河流A的中、下游

C．河流B的中、下游　　D．调水线路所穿越地区

22．距离某空压机站10 m处声级为80 dB（A），距离空压机站150 m、180 m、300 m、500 m 各有一村庄。该空压机站应布置在距离村庄（　　）m 外，可满足GB 3096—2008中2类区标准要求。

A．150　B．180　C．300　D．500

23．属于环境风险源项的有（　　）。

A．系统故障导致高浓度SO_2事故排放　　B．氨从储罐大量泄出

C．污水处理站事故排放　　D．运输液氯的槽车事故泄漏

24．进行河流水环境影响预测，需要确定（　　）等。

A．受纳水体的水质状况　　B．拟建项目的排污状况

C．设计水文条件　　D．边界条件（或初始条件）

25．进行陆生动物哺乳动物多样性调查时，调查方法可采用（　　）。

A．样线（带）调查法　　B．踪迹判断法

C．红外相机陷阱法　　D．生态图法

26．城市垃圾卫生填埋场的渗滤液产生量与填埋场（　　）等有关。

A．面积　　B．所在地的降雨量

C．所在地的蒸发量　　D．垃圾含水率

27．某河流多年平均流量为 250 m^3/s，在流经城区河段拟建一集装箱货码头，在环境影响预测分析中需关注的内容应包括（　　）。

A．集中供水水源地　　B．洄游性鱼类

C．浮游生物　　D．局地气候

28．污染型建设项目的工程分析应给出（　　）等项内容。

A．工艺流程及产污环节　　B．污染物源强核算

C．项目周围污染源的分布及源强　　D．清洁生产水平

E．环保措施与污染物达标排放

29．在环境生态影响评价中应用生态机理分析法进行影响预测，需要（　　）等基础资料。

A．环境背景现状调查

B．动植物分布、动物栖息地和迁徙路线调查

C．种群、群落和生态系统的分布特点、结构特征和演化情况描述

D．珍稀濒危物种及具有重要价值的物种识别

30．陆地生态系统完整性指标包括（　　）。

A．群落结构和地表覆盖　　B．特有种的可繁衍水平

C．与周边其他类型生态系统的分隔　　D．生物多样性

31．用类比法预测河流筑坝对鱼类资源的影响时，类比调查应重点考虑（　　）。

A．工程特性与水文情势变化　　B．饵料生物丰度

C．鱼类区系组成及其生活习性　　D．有无洄游性、珍稀保护、地方特有鱼类

32．在生态影响型建设项目的环境影响评价中，选择的类比对象应（　　）。

A．与拟建项目性质相同

B．与拟建项目工程规模相似

C．与拟建项目具有相似的生态环境背景

D．与拟建项目类似且稳定运行一定时间

33．生态现状评价常用的方法有（　　）。

A．图形叠置法　　B．生态机理分析法

C．景观生态学方法　　D．情景分析法

E．系统分析法

34．在建设项目环境影响评价中，环境现状调查包括（　　）。

A．自然环境现状调查与评价　　B．环境保护目标调查

C．社会环境现状调查　　D．环境质量现状调查

35．建设项目竣工环境保护验收的生态影响调查要考虑的主要内容有（　　）。

A．落实环评文件及主管部门批复意见所要求的生态保护措施

B．生态保护措施的实施效果

C．公众意见

D．对已产生的生态破坏采取的补救措施及效果

36．对弃渣场进行工程分析时需明确（　　）等。

A．弃渣场的数量　　B．弃渣场的占地类型及其面积

C．弃渣量　　D．弃渣方式

E．生态恢复方案

37．关于入海河口、近岸海域补充监测点位设置与采样频次的说法正确的有（　　）。

A．一级评价可布设5～7个取样断面

B．原则上一个水期在一个潮周期内采集水样

C．当上、下层水质变幅较大时，应分层取样

D．对于近岸海域，一个水期宜在半个太阴月内的大潮期或小潮期分别采样

38．生态影响型建设项目工程分析中，应纳入生态影响源项分析的有（　　）。

A．占地类型和面积　　B．取弃土场位置和土石方量

C．移民安置方案　　D．生态恢复

39. 水污染源调查中，属于点源排放的有（ ）。

A. 农田退水　　B. 农村生活污水

C. 大型造纸厂排放污水　　D. 城市污水处理厂排水

40. 建设项目可能导致受纳水体富营养化的，评价因子应包括与富营养化有关的因子为（ ）。

A. 总磷　　B. 氨氮　　C. 叶绿素 a　　D. 耗氧量

41. 在环境影响评价中提出的污染物总量控制指标建议值应满足的要求有（ ）。

A. 污染物达标排放　　B. 影响区的环境质量达标

C. 国家或地方有关污染物控制总量　　D. 环保投资符合项目投资概算

42. 建设项目竣工环境保护验收监测包含的主要内容有（ ）。

A. 环保设施运行效果测试　　B. 污染物排放达标情况监测

C. 敏感点环境质量监测　　D. 区域污染源监测

43. 按照水力学特点分类，地下水污染途径大致可分为四种类型。污染物从上到下经包气带进入含水层的类型有（ ）。

A. 间歇入渗型　　B. 连续入渗型

C. 径流型　　D. 含水层间越流型

44. 当污染物由上而下经包气带进入含水层，其对地下水的污染程度主要取决于包气带的（ ）。

A. 地质结构　　B. 岩性　　C. 厚度　　D. 渗透性

45. 收集的某地下水监测井年内丰、枯水期两期地下水监测资料，水质监测项目区有 18 项，均为《地下水质量标准》（GB/T 14848—2017）规定的监测项目，可利用该资料进行（ ）。

A. 单项组分评价　　B. 综合评价

C. 地下水级别划分　　D. 污染物迁移特征分析

46. 进行河流均匀混合模型预测必须确定（ ）。

A. 污染物排放浓度　　B. 污水排放量

C. 河流上游污染物浓度　　D. 河流流量

47. 控制燃煤锅炉 SO_2 排放的有效方法是（ ）。

A. 炉内喷钙　　B. 石灰石—石膏湿法

C. 循环流化床锅炉　　D. 氨法

E. 燃用洁净煤

48. 生态影响预测应包括（ ）方面的分析。

A. 生态影响因素　　B. 生态影响受体

C．生态影响效应　　D．生态防护措施

49．控制燃煤锅炉 NO_x 排放的有效方法有（　　）。

A．非选择性催化还原法　　B．选择性催化还原法

C．炉内喷钙法　　D．低氮燃烧技术

50．对于山林、草原、农地等进行非点源调查时，应调查（　　）。

A．化肥流失率　　B．农药施用量

C．生物多样性　　D．化肥施用量

51．对于一个选址符合环保要求的拟建垃圾填埋场，控制和预防地下水污染的措施包括（　　）。

A．防渗工程　　B．渗滤液疏导、处理工程

C．雨水截流工程　　D．渗滤液系统监测系统

52．露天矿开采项目竣工环保验收中，生态影响调查选择的环境危害因子有（　　）。

A．局地气候变化　　B．废水　　C．土地资源退化　　D．废气

53．利用遥感资料可给出的信息有（　　）。

A．植被类型及其分布　　B．土地利用类型及其面积

C．土壤类型及其分布　　D．群落结构及物种组成

54．动物调查的内容一般应包括（　　）。

A．动物的种类　　B．种群数量　　C．迁徙行为

D．分布情况　　E．生境条件

55．对降低空气动力性噪声有效的技术措施有（　　）。

A．吸声　　B．隔声　　C．消声　　D．减振

56．从声源上降低噪声，可采取的方法有（　　）。

A．选用低噪声设备　　B．保持设备良好运转状态

C．采用天然地形遮挡声源　　D．合理安排建筑物平面布局

57．影响重金属污染物在包气带土层中迁移的主要因素包括（　　）。

A．水的运移　　B．重金属的特性

C．土层岩性　　D．含水层中水流速度

58．污染型项目的工程分析结果，应能直接评价是否满足（　　）的要求。

A．污染物排放达标　　B．环境质量达标

C．清洁生产水平　　D．地表温度

59．建设项目环境保护措施的经济论证内容包括（　　）

A．环保措施的投资费用　　B．环保措施的运行费用

C．环保措施的处理效率　　D．环保措施的环境经济效益

60．计算一个植物种在群落中的重要值的参数有（　　）。

A．相对密度　　B．相对优势度

C．相对频度　　D．相对高度

61．在污染型项目的工程分析中，应具备的基本图件有（　　）。

A．项目平面布置图　　B．工艺流程图

C．环境监测布点图　　D．评价范围图

62．进行环境噪声现状测量时，测量记录的内容应包括（　　）。

A．有关声源运行情况　　B．测量仪器情况

C．测量时的环境条件　　D．采样或计权方式

E．测点声级数据及其测量时段

63．有限长线声源的噪声预测，可依据预测点与线声源的距离和声源长度之间的关系，分别按（　　）进行计算。

A．无限长线声源　　B．点声源

C．有限长线声源　　D．$L_p(r)=L_p(r_0)-15\lg(r/r_0)$

64．采用类比法进行调查时，在分析对象与类比对象之间可类比的有（　　）。

A．工程特征　　B．管理模式

C．污染物排放特征　　D．环境条件

65．水体密度分布对感潮河口污染物的输移混合影响很大，按垂向密度结构考虑入海河口可分为（　　）。

A．部分混合河口　　B．充分混合河口

C．淡水楔河口　　D．盐水楔河口

66．影响垃圾卫生填埋的渗滤液产生量的因素有（　　）。

A．垃圾含水量　　B．垃圾填埋总量

C．区域的降水量与蒸发量　　D．渗滤液的输导系统

67．生态影响型项目工程分析应包括的内容有工程建设性质、工程投资及（　　）等。

A．占地类型和面积　　B．施工方案

C．弃渣量　　D．施工废水排放量

68．对于大气环境风险预测，一级评价需选取（　　），选择适用的数值方法进行分析预测。

A．最不利气象条件　　B．最不利地形

C．事故发生地的最常见气象条件　　D．典型事故案例中的气象条件

69．为了满足烟尘排放浓度小于 50 mg/m^3，燃煤电厂可采用的除尘器有（　　）。

A．水膜除尘器　　B．静电除尘器

C．旋风除尘器　　D．布袋除尘器

70．在模拟湖库（　　）时可采用解析解模型。

A．水域形态规则　　B．水域面积较小

C．水流均匀　　D．排污稳定

71．影响建设项目对敏感点等效声级贡献值的主要原因有（　　）。

A．声源源强　　B．声源的位置

C．声波传播条件　　D．敏感点处背景值

72．绘制工矿企业噪声贡献值等声级图时，等声级（　　）。

A．间隔不大于 5 dB　　B．最低值和功能区夜间标准相一致

C．可穿越建筑物　　D．最高值可为 75 dB

73．大气环境影响预测进行模型计算设置时，对于城市/农村选项，（　　）应选择“城市”。

A．项目周边 3 km 半径范围内一半以上面积属于城市建成区

B．项目周边 3 km 半径范围内一半以上面积属于城市规划区

C．项目周边 5 km 半径范围内人口较多

D．项目周边 5 km 半径范围内一半以上面积属于城市建成区

74．大气环境影响评价中复杂风场是指（　　）。

A．静风场　　B．山谷风环流

C．海陆风环流　　D．城市热岛环流

75．采用大气估算模式计算点源最大地面浓度时，所需参数包括排气筒出口处的（　　）。

A．内径　　B．烟气温度

C．环境温度　　D．烟气速度

76．某集中供热项目大气环境影响评价等级为一级，评价结果表达应包含（　　）。

A．基本信息底图　　B．网格浓度分布图

C．项目基本信息图　　D．大气环境防护区域图

77．评价等级为二级的大气环境影响预测内容至少应包括（　　）。

A．正常排放时小时平均浓度　　B．非正常排放时小时平均浓度

C．正常排放时日平均浓度　　D．非正常排放时日平均浓度

78．大气估算模式中点源参数调查清单应包括排气筒坐标、排气筒底部海拔高度、排气筒高度、评价因子源强及（　　）。

A．排气筒内径　　B．烟气出口速度

C．烟气出口温度　　D．排气筒出口处环境风速

79．利用一维水质模型预测非持久性污染物排放对下游河段的影响，需确定的

参数有（　　）。

A．综合衰减系数　　B．纵向扩散系数

C．横向混合系数　　D．垂向扩散系数

80．有关河流水域概化要求说法正确的有（　　）。

A．预测河段及代表性断面的宽深比≥20时，可视为矩形河段

B．河段弯曲系数>1.3时，可视为弯曲河段，其余可概化为平直河段

C．对于河流水文特征值和水质急剧变化的河段，应分段概化，并分别进行水环境影响预测

D．预测河段及代表性断面的宽深比≥15时，可视为矩形河段

81．地表水面源污染负荷估算模型有（　　）。

A．源强系数法　　B．水文分析法

C．河流数学模型　　D．面源模型法

82．某公路拟在距离厂界10 m处安装4台小型方体冷却塔，预测时厂外敏感点噪声超标，通常采用的噪声治理方法有（　　）。

A．设置声屏障　　B．选用低噪声冷却塔

C．调整冷却塔的位置　　D．进风口安装百叶窗式消声器

83．分析工业污染型项目总图布置方案合理性时，应考虑（　　）。

A．项目选址　　B．周围环境敏感点位置

C．气象、地形条件　　D．污染源的位置

84．有关污水处理工艺说法正确的有（　　）。

A．采用厌氧和好氧组合工艺时，厌氧工艺单元应设置在好氧工艺单元前

B．一级处理主要是去除污水中呈胶体和溶解状态的有机污染物

C．当污（废）水中含有生物毒性物质，应在污（废）水进入生物处理单元前去除毒性物质

D．三级处理主要是去除污水中呈悬浮或漂浮状态的污染物

85．为了降低厂房外噪声，可选用的降噪措施有（　　）。

A．厂房内安装吸声板（或垫）　　B．重质砖墙改为等厚轻质砖墙

C．减少门窗面积　　D．安装隔声门窗

86．进行河流稳态水质模拟预测需要确定（　　）。

A．污染物排放位置、排放强度　　B．水文条件

C．初始条件　　D．水质模型参数值

87．洁净煤燃烧技术包括（　　）。

A．循环流化床燃烧　　B．型煤固硫技术

C．低NO_x燃烧技术　　D．煤炭直接液化

88．袋式除尘器的清灰方式有（　　）。

A．机械振动清灰　　B．脉冲喷吹清灰

C．逆气流清灰　　D．蒸汽喷吹清灰

89．生活垃圾填埋场竣工环保验收调查的内容应包括（　　）。

A．封场地表处理情况　　B．渗滤液导排系统的有效性

C．填埋场防渗措施的有效性　　D．填埋气体导排系统的有效性

90．清洁生产分析中，原辅材料选取可考虑的定性分析指标有（　　）。

A．毒性　　B．可再生性

C．可回收利用性　　D．原辅材料价格

91．遥感是景观生态学中常用的方法，主要包括（　　）。

A．航天遥感　　B．航空遥感

C．卫星图片　　D．雷达及照相机摄制的图像

92．利用遥感资料可给出的信息有（　　）。

A．植被类型及其分布　　B．地形

C．群落结构及物种组成　　D．土地利用类型及其面积

93．对鼓风机噪声可采取的治理方法有（　　）。

A．进气消声器　　B．排气消声器

C．减振垫　　D．隔声罩

94．拟建高速公路穿越两栖动物栖息地，对动物栖息地可采取的保护措施有（　　）。

A．增加路基高度　　B．降低路基高度

C．收缩路基边坡　　D．增设桥涵

95．某拟建高速公路经过某种爬行动物主要活动区，公路营运期对该动物的影响有（　　）。

A．减少种群数量　　B．改变区系成分

C．阻隔活动通道　　D．分割栖息生境

96．可行的陆生植被现状调查方法有（　　）。

A．遥感调查　　B．样地调查

C．机理分析　　D．收集资料

97．根据建设项目特点、可能产生的环境影响和当地环境特征，有针对性收集调查评价范围内的相关土壤资料，主要包括哪些方面的内容？（　　）

A．土地利用现状图、土地利用规划图、土壤类型分布图

B．气象资料、地形地貌特征资料

C．土地利用历史情况

D．与建设项目土壤环境影响评价相关的其他资料

E．水文及水文地质资料

98．下列关于土壤环境现状监测点数量的要求，说法正确的有（　　）。

A．生态影响型建设项目可优化调整占地范围内、外监测点数量，保持总数不变

B．生态影响型建设项目占地范围超过2 000 hm^2的，每增加1 000 hm^2增加1个监测点

C．污染影响型建设项目可优化调整占地范围内、外监测点数量，保持总数不变

D．污染影响型建设项目占地范围超过100 hm^2的，每增加20 hm^2增加1个监测点

99．根据《环境影响评价技术导则　土壤环境（试行）》，建设项目导致土壤（　　）等影响的，可根据土壤环境特征，结合建设项目特点，分析土壤环境可能受到影响的范围和程度。

A．潜育化　　B．酸化、碱化

C．沼泽化　　D．潴育化

100．进行污染场地修复时，提出的修复目标包括（　　）。

A．确认目标污染物　　B．确认场地状况

C．提出修复目标值　　D．确认修复范围

101．哪些建设项目运行过程中产生不符合经审批的环境影响报告书情形的，应当开展环境影响后评价？（　　）

A．水利、水电、采掘、港口、铁路行业中实际环境影响程度和范围较大，且主要环境影响在项目建成运行一定时期后逐步显现的建设项目

B．穿越重要生态环境敏感区的建设项目

C．冶金、石化和化工行业中有重大环境风险，建设地点敏感，且持续排放重金属或者持久性有机污染物的建设项目

D．审批环境影响报告书的环境保护主管部门认为应当开展环境影响后评价的其他建设项目。

参考答案

一、单项选择题

1．A　【解析】《建设项目环境风险评价技术导则》（HJ 169—2018）8.2.2.1原文："泄漏时间应结合建设项目探测和隔离系统的设计原则确定。一般情况下，设置紧急隔离系统的单元，泄漏时间可设定为10 min；未设置紧急隔离系统的单元，泄

漏时间可设定为 30 min。”

2．B 【解析】HJ 169—2018“表 2 建设项目环境风险潜势划分”，IV^{+}为极高环境风险。

3．B 【解析】[1 000 ×（1−96%−3.5%−0.3%）× 10^3]/8 000=0.25。

4．D 【解析】$2 \times 10^4 \times 7\,200 \times 800 \times 10^{-9}=115.20$（t/a）。

5．A 6．D 7．A

8．C 【解析】（0.42−0.3）/0.3=0.4

9．B 【解析】超标率=30/（200−5）× 100%=15.4%。不符合监测技术规范要求的监测数据不计入监测数据个数。未检出点位数计入总监测数据个数中。

10．A 【解析】超标倍数=（监测数据值－环境质量标准）/环境质量标准=（0.36－0.3）/0.3=0.2。该题为 2008 年考题，使用老的质量标准。

11．D 【解析】（15 000－100）/15 000 ≈ 0.993。

12．B 【解析】根据导则附录 D.1.2 中溶解氧标准指数计算公式：

$DO_j > DO_f$　　　$S_{DO,j}=|DO_f-DO_j|/|DO_f-DO_S|$

13．D 14．A 15．A

16．B 【解析】

（1）该两个排气筒排放相同的污染物，其距离（10 m）小于其几何高度之和（24 m），可以合并视为一根等效排气筒。

（2）等效排气筒污染物排放速率计算：

$$Q = Q_1 + Q_2 = 1.0 + 0.8 = 1.8 \quad (\mathrm{kg/h})$$

（3）等效排气筒高度计算：

$$h = \sqrt{\frac{1}{2}\left(12^2 + 12^2\right)} = 12 \quad (\mathrm{m})$$

（4）等效排气筒 12 m 高度应执行的排放速率限值（外推法）计算：

$$Q = Q_b\left(\frac{h}{h_b}\right)^2 = 3 \times \left(\frac{12}{15}\right)^2 \approx 1.9 \quad (\mathrm{kg/h})$$

等效排气筒 12 m 达不到 15 m 高度的最低要求，其排放速率应严格 50%执行，即 1.9 × 0.5=0.95（kg/h）

（5）等效排气筒 12 m 的排放速率为 1.8 kg/h，大于排放速率限值 0.95 kg/h，该项目排气筒的排放速率不达标。

17．C 18．C 19．B 20．C

21．C 【解析】《环境影响评价技术导则　地表水环境》（HJ 2.3—2018）7.12.1.2 当需要预测排放口所在水域形成的混合区范围时，应适当加密预测点位。

22. A 【解析】参考 HJ 2.3—2018 E.2 零维数学模型、E.2.3 狄龙模型。

23. A 【解析】HJ 2.3—2018 7.10.1.2 入海河口、近岸海域设计水文条件要求：a）感潮河段、入海河口的上游水文边界条件参照 7.10.1.1 的要求确定，下游水位边界的确定，应选择对应时段潮周期作为基本水文条件进行计算，可取用保证率为 10%、50%和 90%潮差，或上游计算流量条件下相应的实测潮位过程；

b）近岸海域的潮位边界条件界定，应选择一个潮周期作为基本水文条件，选用历史实测潮位过程或人工构造潮型作为设计水文条件。

24. A 【解析】《环境影响评价技术导则 地表水环境》（HJ 2.3—2018）7.7.1 当选用解析解方法进行水环境影响预测时，可对预测水域进行合理的概化。

25. A 26. D 27. D 28. B

29. D 【解析】 零维模型是将整个环境单元看作处于完个均匀的混合状态，模型中不存在空间环境质量上的差异，主要用于湖泊和水库水质模拟；一维模型横向和纵向混合均匀，仅考虑纵向变化，适用于中小河流；二维模型垂向混合均匀，考虑纵向和横向变化，适用于宽而浅型江河湖库水域；三维模型考虑三维空间的变化，适用于排污口附近的水域水质计算。

30. A 【解析】HJ 2.3—2018 7.11.2 模型参数确定可采用类比、经验公式、实验室测定、物理模型试验、现场实测及模型率定等，可以采用多类方法比对确定模型参数。当采用数值解模型时，宜采用模型率定法核定模型参数。

31. A 【解析】参考 HJ 2.3—2018 附录 E 中 E3.2.解析法。

32. D 【解析】HJ 2.3—2018 附录 E 中一维对流扩散降解简化模型为 $C = C_0 \exp\left(\frac{kx}{u}\right)$，其中河流流速 u、综合衰减系数 k 为公式中的参数项。

33. C 【解析】HJ 2.3—2018 9.2.3 不达标区建设项目选择废水处理措施或多方案比选时，应优先考虑治理效果，结合区（流）域水环境质量改善目标、替代源的削减方案实施情况，确保废水污染物达到最低排放强度和排放浓度。

34. A 35. C 36. A

37. B 【解析】一维水质模型公式中需要“过水断面面积”参数，过水断面面积则需要河宽和水深的数据。

38. D 39. B 40. D 41. C 42. C 43. A

44. C 【解析】集中式生活饮用水地表水源地分一级和二级，对应的功能为Ⅱ类、Ⅲ类，从实测值来看，Ⅱ类、Ⅲ类的应该超标。Ⅴ类的 0.017 mg/L，能达到集中式生活饮用水地表水源地的限值，对Ⅴ类来说，肯定不超标。Ⅳ类的实测值 0.018 mg/L，由于不知道其相应限值，很难确定超标或不超标，都有可能。因此选 C。

45. A 46. C 47. A 48. B 49. C 50. A 51. B 52. D 53. D 54. A

55. C　56. D　57. A　58. A

59. D　【解析】雨林—热带；常绿阔叶林—亚热带；针阔混交林—暖温带。

60. B　【解析】因未进行车流量监测，不知设计工况，因此，A、C、D 选项排除。

61. C　62. D　63. A　64. B　65. D　66. D　67. D　68. D

69. A　【解析】国内净化含汞废气的方法有：活性炭充氯吸附法、文丘里复挡分离 0.1%过硫酸铵吸收法、文丘里—填料塔喷淋高锰酸钾法等。

70. D

71. B　【解析】活性炭吸附去除后：10 kg/h；水洗塔去除率后：9.5 kg/h。

72. D　【解析】一级评价项目，补充监测布点以 20 年统计的当地主导风向为轴向，在厂址及主导风向下风向 5 km 范围内设置 1～2 个监测点。

73. B　74. B

75. B　【解析】根据点声源声传播距离增加 1 倍，衰减值是 6 dB，在不考虑背景噪声的情况下，距噪声源作业点 40 m 处的噪声级为 66 dB(用公式计算也可以)。在利用噪声级的相减公式：

$$l_1 = 10\lg(10^{0.1\times 67} + 10^{0.1\times 66}) \approx 60 \text{（dB）}$$

76. D　【解析】根据无限长线声源的几何发散衰减规律，声传播距离增加 1 倍，衰减值是 3 dB。因此，可推算出答案为 160 m。当然，此题也可以用公式计算，只是掌握了上述规律后，计算的速度会快一些，节省了考试时间。

77. D

78. B　【解析】根据 $L_1 - L_2$=TL+6。

79. C　80. C

81. A　【解析】《环境影响评价技术导则　声环境》原文："当声源为固定声源时，现状测点应重点布设在可能既受到现有声源影响，又受到建设项目声源影响的敏感目标处，以及有代表性的敏感目标处。"

82. C　83. C

84. C　【解析】噪声源处于半自由声场，利用公式：$L_A(r) = L_{Aw} - 20\lg(r) - 8$。声源在均匀、各向同性的媒质中，边界的影响可以不计的声场称为自由声场。在自由声场中，声波按声源的辐射特性向各个方向不受阻碍和干扰地传播。有一个面是全反射面，其余各面都是全吸声面，这样的空间称半自由声场。

85. A　【解析】室内近似为扩散声场利用此式计算：$L_{P_2} = L_{P_1} - (\text{TL} + 6)$

86. D

87. D　【解析】本题的噪声可以认为无限长线声源。

88. A

89. D 【解析】噪声源处于自由声场，利用公式：$L_A(r)=L_{Aw}-20\lg(r)-11$。

90. C 91. B 92. D 93. C 94. B

95. C 【解析】该项目噪声源可以认为是无限长线声源。

96. A 【解析】噪声值相同时相加，声级增加 3dB（A），因此，本题不用公式计算应可知答案为A。

97. B

98. A 【解析】导则 7.3.1 原文："根据建设项目特点、可能产生的环境影响和当地环境特征，有针对性收集调查评价范围内的相关资料，主要包括以下内容：(a) 土地利用现状图、土地利用规划图、土壤类型分布图；(b) 气象资料、地形地貌特征资料、水文及水文地质资料等；(c) 土地利用历史情况；(d) 与建设项目土壤环境影响评价相关的其他资料。"

99. C 【解析】导则 7.3.2.1 原文："在充分收集资料的基础上，根据土壤环境影响类型、建设项目特征与评价需要，有针对性地选择土壤理化特性调查内容，主要包括土体构型、土壤结构、土壤质地、阳离子交换量、氧化还原电位、饱和导水率、土壤容重、孔隙度等。"

100. B 【解析】导则 7.3.3.2 原文："改、扩建的污染影响型建设项目，其评价工作等级为一级、二级的，应对现有工程的土壤环境保护措施情况进行调查，并重点调查主要装置或设施附近的土壤污染现状。"

101. D 【解析】土壤 5.5≤pH＜8.5，属于无酸化或碱化。

102. C 【解析】导则 4.2.4 原文："涉及两个或两个以上场地或地区的建设项目应按 4.2.3 分别开展评价工作。"

103. D 【解析】根据《污染场地土壤修复技术导则》5.2.3 确认修复范围，"确认前期场地环境调查与风险评估提出的土壤修复范围是否清楚，包括四周边界和污染土层深度分布，特别要关注污染土层异常分布情况，比如非连续性自上而下分布。"

104. 【解析】参考《建设项目环境影响后评价管理办法（试行）》第三条。

二、不定项选择题

1. ABCD 2. ACD 3. ABCD

4. ABD 【解析】 狄龙模型用于描述营养物平衡。

5. ABC 6. ABCD 7. ABC

8. AC 【解析】液态化学品泄漏应该有专门的事故池，不是一般工业废水预处理单元事故池。

9. AD 10. ABCD 11. ABD 12. ABC 13. ABCD 14. ABC

15. ABCD　【解析】混合过程段长度估算公式中各参数为水面宽度 B、排放口到岸边距离 α、断面流速 u、污染物横向扩散系数 E_y。

16. ABCD　【解析】水动力及水质模型参数包括水文及水力学参数、水质（包括水温及富营养化）参数等。其中水文及水力学参数包括流量、流速、坡度、糙率等；水质参数包括污染物综合衰减系数、扩散系数、耗氧系数、复氧系数、蒸发散热系数等。

17. ABCD　18. ABCDE　19. ABCD　20. ABC　21. ABCD

22. D　【解析】GB 3096—2008 中 2 类区标准是昼间 60 dB，夜间 50 dB。为了满足 2 类区标准要求，声级至少应衰减至 50 dB，则距离村庄至少在 320 m 外。

23. ABCD　24. ABCD　25. ABC　26. ABCD　27. ABC　28. ABDE　29. ABCD　30. ACD　31. ABCD　32. ABCD　33. ABCE　34. ABD　35. ABCD　36. ABCDE

37. ABCD　【解析】《环境影响评价技术导则 地表水环境》（HJ 2.3—2018）附录 C.3.1 水质取样断面和取样垂线的设置，一级评价可布设 5～7 个取样断面，二级评价可布设 3～5 个取样断面。C3.3 采样频次，原则上一个水期在一个潮周期内采集水样，明确所采样品所处潮时，必要时对潮周日内的高潮和低潮采样。当上、下层水质变幅较大时，应分层取样。入海河口上游水质取样频次参照感潮河段相关要求执行，下游水质取样频次参照近岸海域相关要求执行。对于近岸海域，一个水期宜在半个太阴月内的大潮期或小潮期分别采样，明确所采样品所处潮时。

38. ABC　39. CD　40. AC　41. ABC　42. ABC　43. AB　44. ABCD　45. ABC　46. ABCD　47. ABCDE　48. ABC　49. ABD　50. ABD　51. ABCD

52. BD　【解析】由此题可以延伸很多类似题，可对照教材中的表格仔细研读。

53. ABC　54. ABCDE　55. ABC　56. AB　57. ABCD　58. AC　59. ABD　60. ABC　61. AB　62. ABCDE　63. ABD　64. ACD　65. ABD　66. ABC　67. ABCD

68. AC　【解析】HJ 169—2018 中 4.4.4.1 原文："大气环境风险预测。一级评价需选取最不利气象条件和事故发生地的最常见气象条件，选择适用的数值方法进行分析预测。"

69. BD

70. ACD　【解析】HJ 2.3—2018 中 7.6.3.2 水动力模型及水质模型。b）湖库数学模型。湖库数学模型选择要求见表 5。在模拟湖库水域形态规则、水流均匀且排污稳定时可以采用解析解模型。

71. ABC　72. ABD　73. AB　74. BCD　75. ABCD

76. ABCD　【解析】导则评价结果表达部分内容。

77. ABC 【解析】非正常排放时只预测环境空气保护目标小时平均浓度。

78. ABC

79. AB 【解析】根据河流纵向一维水质模型方程的简化、分类判别条件（即 O'Connor 数α和贝克莱数 Pe 的临界值），选择相应的解析解公式。分类判别需要纵向扩散系数 E_x、污染物综合衰减系数 k、流速 u 进行判定采用具体哪个降解模型。

80. ABC 81. ABD 82. ABCD 83. ABCD

84. AC 【解析】根据《水污染治理工程技术导则》（HJ 2015—2012）工艺组合，采用厌氧和好氧组合工艺处理污（废）水时，厌氧工艺单元应设置在好氧工艺单元前；当污（废）水中含有生物毒性物质，且污（废）水处理工艺组合中有生物处理单元时，应污（废）水进入生物处理单元前去除毒性物质；一级处理主要是去除污水中呈悬浮或漂浮状态的污染物；三级处理是对经过二级处理后没有得到较好去除的污染物质进行深化处理。

85. ACD 86. ABD 87. ABCD 88. ABC 89. ABCD 90. ABC 91. ABD 92. ABD 93. ABCD 94. BD 95. ACD 96. ABD

97. ABCDE 【解析】导则 7.3.1 原文："根据建设项目特点、可能产生的环境影响和当地环境特征，有针对性收集调查评价范围内的相关资料，主要包括以下内容：a）土地利用现状图、土地利用规划图、土壤类型分布图；b）气象资料、地形地貌特征资料、水文及水文地质资料等；c）土地利用历史情况；d）与建设项目土壤环境影响评价相关的其他资料。"

98. AD 【解析】导则 7.4.3 原文："7.4.3.2 生态影响型建设项目可优化调整占地范围内、外监测点数量，保持总数不变；占地范围超过 5 000 hm^2 的，每增加 1 000 hm^2 增加 1 个监测点。7.4.3.3 污染影响型建设项目占地范围超过 100 hm^2 的，每增加 20 hm^2 增加 1 个监测点。"

99. ACD 【解析】导则 8.1.5 原文："建设项目导致土壤潜育化、沼泽化、潴育化和土地沙漠化等影响的，可根据土壤环境特征，结合建设项目特点，分析土壤环境可能受到影响的范围和程度。"

100. ACD 【解析】根据《污染场地土壤修复技术导则》5.2 提出修复目标，"通过对前期获得的场地环境调查和风险评估资料进行分析，结合必要的补充调查，确认污染场地土壤修复的目标污染物、修复目标值和修复范围。"

101. ABCD 【解析】根据《建设项目环境影响后评价管理办法》第三条。

第十一章　综合练习（二）

一、单项选择题（每题的备选选项中，只有一个最符合题意）

1．建设项目环境影响识别中，必须包括的阶段是（　　）。

A．项目选址期　　B．建设期和运营期

C．项目初步设计期　　D．产业链规划期

2．化工项目生产污水处理场工艺方案应包括运行可靠性论证和（　　）。

A．处理工艺的技术可行性分析　　B．投资费用的来源分析

C．拟建项目的产品方案论证　　D．生活污水排放量计算

3．使用醋酸等异味化学品的 PTA 项目，竣工环境保护验收时，要调查（　　）。

A．项目财务决算表　　B．项目施工图

C．试生产期间环保投诉事件　　D．可行性研究报告评估意见

4．某项目配套建设的硫回收设施，其环境效益可用货币量化的是（　　）。

A．工程总投资　　B．硫的销售收入

C．土地费用　　D．固定资产残值

5．评价某新建炼化一体化项目的清洁生产水平时，可作为参考依据的物耗、能耗指标是（　　）。

A．同行业任意企业的临时测试数据

B．同行业任意企业的基础数据

C．同行业有代表性企业临时测试数据

D．同行业有代表性企业近年的基础数据

6．下列物品不属于木制家具生产项目中的固体废物是（　　）。

A．刨花　　B．废乳胶　　C．废聚酯漆　　D．纤维板

7．多晶硅切片加工项目的生产工艺为硅锭→剖方定位→切片→纯水清洗→电烘干，其中切片工序循环使用碳化硅及聚乙二醇切割液，产生废水的工序是（　　）。

A．剖方定位工序　　B．切片工序　　C．清洗工序　　D．烘干工序

8．某燃煤锅炉 SO_2 现状排放量 90.0 t/a。拟对锅炉增设脱硫设施，脱硫效率由现状的 50%增至 80%。项目技改后，SO_2 现状排放总量为（　　）t/a。

A．90.0　　B．45.0　　C．36.0　　D．18.0

9. 某电厂汽机房靠近窗户处的室内升级为 90 dB，窗户的隔声量（TL）为 20 dB，窗户面积为 40 m^2。假设汽机房室内为扩散声场，汽机房通过窗户辐射的声功率级为（　　）dB（A）。

A. 86　　B. 80　　C. 70　　D. 64

10. 某均质外墙的尺寸为（6×2）π m^2，垂直墙中心轴线上距外墙 2.5 m 处的 A 声级为 70 dB（A），距外墙 5 m 处的 A 声级约为（　　）dB（A）。

A. 70　　B. 67　　C. 64　　D. 63

11. 某直径为 3 m 的风机离地高度 40 m，已知风机的声功率级为 105 dB（A），在只考虑几何发散衰减时，距风机 20 m 处的 A 声级为（　　）dB（A）。

A. 81　　B. 78　　C. 71　　D. 68

12. 某声源的最大几何尺寸为 2 m，则在不同方向上，均符合点生源几何发散衰减公式计算要求的最小距离是（　）m。

A. 2　　B. 3　　C. 5　　D. 7

13. 三个声源对某敏感点的噪声贡献值分别为 55 dB（A）、55 dB（A）、58 dB（A），总的贡献值是（　　）dB（A）。

A. 56　　B. 58　　C. 60　　D. 61

14. 某敏感点处昼间前 8 个小时测得的等效声级为 55.0 dB（A），后 8 个小时测得的等效声级为 65.0 dB（A），该敏感点处的昼间等效声级是（　　）dB（A）。

A. 60　　B. 62.4　　C. 65　　D. 65.4

15. 某公路建设项目和现有道路交叉，周围敏感点如下图所示，应优先设置为现状监测点的是（　　）。

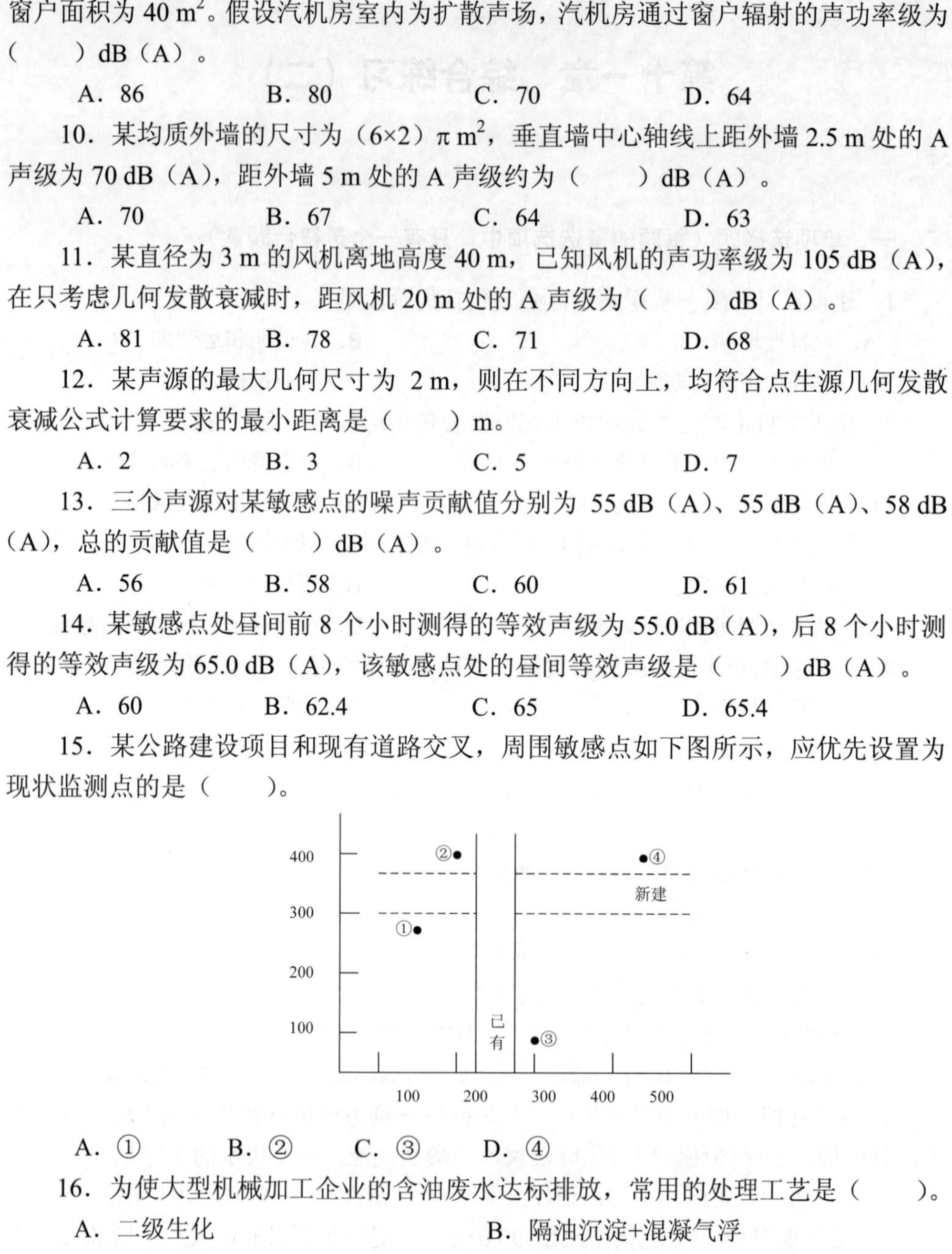

A. ①　　B. ②　　C. ③　　D. ④

16. 为使大型机械加工企业的含油废水达标排放，常用的处理工艺是（　　）。

A. 二级生化　　B. 隔油沉淀+混凝气浮

C. 离心分离　　D. 隔油沉淀+反渗透

17. 地下水一级评价项目，监测点位布设应满足以下内容（　　）。

A．潜水含水层水质监测点不少于 14 个。

B．建设项目上游和两侧的水之巅设置监测点均不少于 1 个。

C．建项目场地及下游影响区域监测点不少于 5 个

D．可能受建设项目影响且具有饮用水开发利用价值的含水层设置监测点 2～4 个。

18．某石油化工类项目开展地下水环境一级评价，设置监测井井深 19.0 m，监测井内地下水水位距井口 3.0 m，正确的地下水取样点位置是（　　）。

A．井口下 4.0 m 处　　B．井口下 9.5 m 处

C．井口下 5.0 m 处　　D．井口下 11.0 m 处

19．承压水含水层一般不易受其顶部的地表污染源污染的主要原因是（　　）。

A．承压水含水层水流速度快

B．承压水含水层水量大

C．承压水含水层比其上部岩层的渗透系数大

D．承压含水层与其补给区空间分布不一致

20．某市集中供热锅炉房安装 5×58 MW 锅炉，采暖期 4 用 1 备，非采暖期一般 2 台运行，个别时间 1 台运行。单台锅炉烟气量约 120 000 m^3/h，采用静电除尘+湿法脱硫净化烟气，对烟囱配置的最优方案是设置（　　）。

A．5 座 60 m 高、出口直径 1.6 m 的烟囱

B．4 座 60 m 高、出口直径 16 m 的烟囱

C．3 座 80 m 高、出口直径 2.0 m 的烟囱

D．1 座 80 m 高双管集速烟囱，单管出口直径 2.0 m

21．某北方城市环境空气质量二类功能区拟建集中供热锅炉，锅炉烟尘初始浓度为 1 800 mg/m^3，锅炉烟尘排放标准二类区国家限制为 200 mg/m^3，地方限值为 80 mg/m^3，锅炉烟气烟尘浓度达标排放需配置的除尘器效率应不低于（　　）。

A．95.6%　　B．93.3%　　C．92.2%　　D．88.9%

22．某铜冶炼企业，大气环境影响评价等级为一级，非正常工况应预测（　　）。

A．1 h 平均质量浓度　　B．日平均浓度

C．植物生长季平均浓度　　D．年平均浓度

23．某一级评价项目评价范围涉及三个行政区，距厂址最近的行政区基本污染物全部达标，其余两个行政区 PM_{10} 不达标，关于项目所在区域是否属于达标区的判断，下列说法正确的是（　　）。

A．属于达标区

B．属于非达标区

C．属于非达标区，但可以按达标区进行预测

D．属于达标区，但应按非达标区进行预测

24．某拟建铁路局部路段穿越野生苏铁集中分布区，为保护野生苏铁，应优先采取的措施是（　　）。

A．迁地保护　　B．采种育苗

C．缴纳征占费用　　D．铁路选线避让

25．某建设项目，大气环境影响评价等级为三级，必须进行调查分析的大气污染源是（　　）。

A．区域现有污染源　　B．区域在建污染源

C．区域拟建污染源　　D．本项目新增污染源和拟被替代的污染源

26．关于地下水含水层中渗透速度与实际流速之间关系说法正确的是（　　）。

A．渗透速度等于实际速度　　B．渗透速度小于实际流速

C．渗透速度大于实际流速　　D．渗透速度与实际流速无关

27．下列关于含水层渗透系数 K 和介质粒径 d 之间的关系，说法正确的是（　　）。

A．d 越小，K 越大　　B．d 越大，K 越大

C．K 与 d 无关，与液体黏滞性相关　　D．K 与 d 相关，与液体黏滞性无关

28．地下水环境影响评价中，分区防渗技术以（　　）为主。

A．水平防渗为主，局部水平防渗为辅　　B．垂向防渗

C．人工防渗　　D．水平防渗

29．地下水污染异地处理可采用的技术是（　　）。

A．含水层生物通风技术　　B．含水层淋洗技术

C．含水层原位强化微生物修复　　D．抽出处理技术

30．进行森林植被样方调查时，确定样地面积的依据是（　　）。

A．群落分层状况　　B．群落中乔木的胸径

C．群落中乔木的数量　　D．群落中的物种数

31. 湖库补充监测点位设置和采样频次说法正确的是（　　）。

A. 一级评价在评价范围内布设的水质取样垂线数宜不少于16条

B. 二级评价在评价范围内布设的水质取样垂线数宜不少于10条

C. 每个水期可监测一次，每次同步连续取样2～4 d

D. 溶解氧和水温监测频次，每间隔4 h取样监测一次

32．在一特殊生态敏感区，拟建项目占地面积为9.8 km^2，其生态影响评价要求对土地利用现状图的成图比例尺至少应为（　　）。

A．≥1∶10万　　B．≥1∶5万　　C．≥1∶2.5万　　D．≥1∶1万

33．在一群灌木群落中，7种主要木本植物的植株数量如下表。用香农-威纳指数评价该群落生物多样性时，种类3的 P_i 值约为（　　）。

种类/序号	1	2	3	4	5	6	7
植株数量/株	180	160	150	130	120	50	40

A．0.18　　B．0.22　　C．21.43　　D．50.00

34．下列生态影响一级评价要求的图件中，属于推荐图件的是（　　）。

A．地表水系图　　B．植被类型图

C．动、植物资源分布图　　D．生态监测布点图

35．某自然景观距拟建高速公路的最小距离为 1 200 m，按“相对距离”单项指标判断该景观的“敏感程度”为（　　）。

A．极敏感　　B．很敏感　　C．中等敏感　　D．不敏感

36．植被调查中，“频度”是指（　　）。

A．单位面积上某种植物株数

B．群落中包含某种植物的样地数与总样地数之比

C．某种植物个体在不同样地中出现的频率

D．植物冠层垂直投影面积

37．已知设计水文条件下排污河段排放口断面径污比为 4.0，排放口上游氨氮背景浓度为 0.5 mg/L，排放口氨氮排放量为 86.4 kg/d，平均排放浓度 10 mg/L，则排放口断面完全混合后氨氮的平均浓度为（　　）mg/L。

A．5.25　　B．3.00　　C．2.50　　D．2.40

38．某评价项目排污河段下游的省控断面 COD 水质目标为 20 mg/L，河段枯水期设计流量 50 m^3/s 条件下，预测省控断面处现有 COD 占标率达 70%，项目排污断面到省控断面的 COD 衰减率为 20%。在忽略项目污水量的情况下，项目 COD 最大可能允许排污量为（　　）t/d。

A．25.92　　B．31.10　　C．32.40　　D．86.40

39．某河段河流平均流速 u、水深 h、水面宽度 B 参数、纵向扩散系数 E_x 已知，当采用零维、纵向一维水质简化解析解模型预测设计流量条件下的河流水质浓度时，两个模型至少分别需要（　　）上述参数。

A．0 个、3 个　　B．1 个、4 个

C．1 个、3 个　　D．3 个、4 个

40．当地环保局对河段排污混合区长度及宽度有限制。根据区域总量分配方案，项目排污河段尚有 COD 排放指标 50 t/a，按混合区允许长度及宽度预测的项目 COD 排放量分别为 10 t/a 和 15 t/a，按达标排放计算的排放量为 8 t/a，则该项目允许的 COD 排放量为（　　）t/a。

A．8　　B．10　　C．15　　D．50

41. 某排放水污染企业，按照污染源源强核算技术指南和自行监测技术指南，监测计划应包括（　　）。

A. 监测点位位置、监测因子、监测频次、监测数据采集与处理、分析方法

B. 水位、流量、污水量

C. 监测点位、排水量、污染物浓度

D. 流速、流量、取水方式

42. 某项目大气环境影响评价级别为一级，在判定所在区域是否属于达标区时，关于NO_2达标判断依据的说法正确的是（　　）。

A. 根据国家或地方生态环境主管部门公开发布的城市环境空气质量达标情况判断

B. 监测其一次值作为判断依据

C. 监测7天，每天02时、05时、08时、11时、14时、17时、20时、23时各监测1次，共计8次

D. 利用AEROMD、CALPUFF软件计算

43. 西南山区某拟建风电场，其选址位于候鸟迁徙通道上，为避免风电场建设对候鸟迁徙造成影响，应优先采取的措施是（　　）。

A. 减少风机高度　　B. 减少占地面积

C. 减少风机数量　　D. 风电场另行选址

44. 景观生态学中，相对面积大、连通程度高、有动态控制功能的背景地块是（　　）。

A. 斑块　　B. 基质　　C. 廊道　　D. 景观

45. 利用遥感影像资料可识别（　　）。

A. 鱼类的产卵场　　B. 植被的分布情况

C. 候鸟的迁徙通道　　D. 陆生动物的活动规律

46. 输油管线工程建设过程中，减少工程施工对植被影响的重要措施是（　　）。

A. 加快施工进度　　B. 减少施工机械数量

C. 缩短作业时段　　D. 缩小作业带宽度

47. 降雨初期的地下水入渗方式主要是（　　）。

A. 水动力弥散　　B. 淋溶　　C. 稳定渗流　　D. 非饱和渗流

48. Ⅱ类一般工业固废填埋场的底部与潜水面之间的岩土层一般为（　　）。

A. 饱水带　　B. 非饱和带

C. 天然隔水层　　D. 人工合成材料防渗层

49. 我国亚热带地区分布的地带性植被类型是（　　）。

A．雨林　　B．针阔混交林　　C．常绿阔叶林　　D．落叶针叶林

50．河流数学模型中纵向一维模型的适用条件为（　　）。

A．水域基本均匀混合　　B．垂向分层特征明显

C．沿程横断面均匀混合　　D．水流恒定、排污稳定

51．土壤环境影响评价等级为（　　）的建设项目应填写土壤剖面调查表。

A．一级　　B．一级、二级　　C．二级　　D．三级

52．经调查，某建设项目所在地土壤中，砂粒成分=70%、细黏土成分=15%，该调查结果说明了（　　）的理化性质。

A．土壤质地　　B．土壤结构　　C．土体构型　　D．土壤容重

53．土壤环境影响分析可（　　）说明建设项目对土壤环境产生的影响及趋势。

A．定量　　B．定性或半定量　　C．定性　　D．半定量

54．根据《环境影响评价技术导则　土壤环境（试行）》，可通过工程分析计算土壤中某种物质的（　　）。

A．淋溶排出　　B．增量　　C．输入量　　D．输出量

55．关于基坑清理效果评估布点，对于重金属和半挥发性有机物，在一个采样网格和间隔内可采集（　　）。

A．混合样　　B．表层样　　C．深层样　　D．柱状样

二、不定项选择题（每题的备选项中，至少有 1 个符合题意）

1．某炼化项目试生产 3 个月后委托有资质的单位开展竣工环境保护验收工作，需要现场验收检查（　　）。

A．可行性研究报告　　B．环保监测仪器设备

C．总排水口在线监测设备　　D．企业环境管理制度

2．化工区内新建液氯管道输送过程中的环境风险防范与减缓措施有（　　）。

A．提高管道设计等级　　B．规定应急疏散通道

C．储备救援物资　　D．管廊设防雨顶盖

3．国内没有清洁生产标准的项目，清洁生产水平评价可选用（　　）。

A．国内外同类生产装置先进工艺技术指标

B．国内外同类生产装置先进能耗指标

C．国内外配套的污水处理设计能力

D．国内外配套的焚烧炉设计能力

4．合成氨生产工艺流程及产污节点图中，可以表示出（　　）。

A．氨的无组织排放分布　　B．生产工艺废水排放位置

C．生产废气排放位置　　D．固体废物排放位置

5．高速公路竣工环境保护验收调查报告中，下列要求正确的是（　　）。

A．对不稳定的弃渣场，提出补救措施

B．对未恢复的取、弃土场、施工营地等临时用地，提出恢复的具体要求

C．异地开垦基本农田措施未完全落实，按“基本农田占一补一”原则进行落实

D．环评报告书和批复文件中遗漏的环境敏感点，受公路影响噪声超标，要求进行跟踪监测，并提出解决方案

6．某铁路工程施工中改变一处车站选址，整体项目竣工环境保护验收生态调查应包括（　　）。

A．车站改址的情况

B．改址后的车站环境影响评价

C．设计文件中的环境保护措施落实情况

D．环评批复文件中生态保护措施的落实情况

7．为减缓大型河流梯级电站建设对鱼类的影响，可采取的措施有（　　）。

A．保护支流　　B．设置过鱼设施

C．鱼类人工增殖放流　　D．减少捕捞量

8．适用于生态环境影响评价和预测的方法有（　　）。

A．类比分析法　　B．图形叠置法

C．生态机理分析法　　D．列表清单法

9．关于建设项目的自然环境调查，说法正确的是（　　）。

A．小型房地产开发项目，可不进行地下水环境调查

B．中型水库建设项目，需要调查项目区水土流失情况

C．隧道建设项目，对与之直接相关的地质构造，应进行较详细的叙述

D．原路面加铺沥青的乡村公路项目，不需要进行生态影响评价，可不叙述生态系统的主要类型

10．某石灰石矿山原矿区已开采完毕，将外延扩建新矿区，工程分析时应说明（　　）。

A．新矿区征用的土地量　　B．原矿山的渣场

C．新矿区办公楼的建筑面积　　D．原矿山采矿机械设备

11．油气开发项目工程分析除运营期外，还应包括的时段有（　　）。

A．勘察设计期　B．施工期　C．试运营期　D．退役期

12．能削减废水中总磷排放量的有效处理方法有（　　）。

A．A^2/O 法　B．化学混凝沉淀法　C．化学氧化法　D．离心分离法

13．酒精生产项目生产废水 COD≥10 000 mg/L，须经厂内预处理使 COD≤1 000 mg/L，方可排入二级污水污水处理厂的收集管网。可选用的污水处理方案有

（　　）。

A．调节→过滤→混凝→沉淀→排放

B．调节→过滤→厌氧（UASB）→氧化沟→沉淀→排放

C．调节→过滤→接触氧化→沉淀→排放

D．调节→过滤→厌氧（UASB）→SBR→排放

14．企业突发环境事件应急预案的编制内容包括（　　）等。

A．预案适用范围　　B．环境事件分类与分级

C．组织机构与职责　　D．监控和预警

E．应急保障

15．属于工业固废处置方案的有（　　）。

A．电炉钢渣用于生产水泥　　B．废电机的拆解

C．含银废液中提取氯化银　　D．棉织品丝光废碱液回收

16．在生活垃圾焚烧项目的工程分析中，应明确交代的相关内容有（　　）。

A．垃圾低位发热量　　B．厨余垃圾所占比例

C．垃圾含水率　　D．垃圾收集方式

17．建设项目地下水污染防控对策有（　　）。

A．定期信息公开和环境影响后评估措施　　B．源头控制措施

C．应急响应措施　　D．分区防控措施

18．减缓地下水过量开采影响的措施有（　　）。

A．减少开采量　　B．优化地下水开采布局

C．人工补给地下水　　D．地表水和地下水联合调度

19．影响地下水水量均衡应考虑的因素有（　　）。

A．地下水类型　　B．均衡要素

C．水文地质参数　　D．均衡期

20．关于包气带防污性能，说法正确的有（　　）。

A．包气带岩性颗粒越细，渗透系数 K 越大，防污染性能越差

B．包气带岩性颗粒越粗，渗透系数 K 越大，防污染性能越差

C．包气带岩性颗粒越粗，渗透系数 K 越小，防污染性能越好

D．包气带岩性颗粒越细，渗透系数 K 越小，防污染性能越好

21．确定地下水水位影响半径的方法有（　　）。

A．公式计算法　　B．经验数值法　　C．卫星遥感法　　D．图解法

22．属于地下水环境影响的预测内容的有（　　）。

A．给出预测期内地下水环境保护目标处特征因子随时间的变化规律

B．给出特征因子不同时段的影响范围、程度，最大迁移距离

C．污染场地修复治理工程项目应给出污染物变化趋势或污染控制的范围

D．给出预测期内场地边界特征因子随时间的变化规律

23．属于地下水污染水力控制技术方法的有（　　）。

A．排水法　　B．注水法

C．防渗墙法　　D．包气带土层就地恢复法

24．某河流宽度为 400 m，在河流横断面上离岸边不同距离处设置排污口，关于混合过程段说法正确的是（　　）。

A．排污口均设置在两侧岸边，混合过程短长度一样

B．距离左岸 50 m 处和距离右岸 50 m 处设置排污口，混合过程短长度一样

C．距离左岸 120 m 处和距离左岸 280 m 处设置排污口，混合过程短长度一样

D．距离左岸 150 m 处和距离右岸 100 m 处设置排污口，混合过程短长度一样

25．当对排入水库的水污染影响型项目预测时，该水库的不利枯水期水文条件为（　　）。

A．近 10 年最低月平均水位

B．90%保证率最枯月平均水位相应的蓄水量

C．死库容相应的蓄水量

D．近 10 年最枯月平均流量

26．某项目产生温排水，可采用下列哪些措施属于针对水温影响减缓措施？（　　）

A．优化冷却方式减少排放量

B．余热利用措施降低热污染强度

C．合理选择温排水口的布置和形式

D．控制高温区范围

27．某项目排放污水中含重金属，排放口下游排放区域内分布有鱼类产卵场等敏感区。现状评价中应调查（　　）。

A．常规水质因子　　B．项目特征水质因子

C．水生生物项目特征因子　　D．沉积物项目特征因子

28．在水质单指数评价中，需要考虑上、下限要求的指标有（　　）。

A．氨氮　　B．pH　　C．DO　　D．COD

29．区域大气环境容量计算中，应考虑该区域的（　　）。

A．环境空气功能区划　　B．大气扩散、稀释能力

C．有关项目的工艺水平　　D．产业结构

30．下列风场中，属于复杂风场的有（　　）。

A．恒定均匀风场　　B．旋风场　　C．山谷风场　　D．海陆风场

31．某热电厂大气环境影响评价等级为二级，该热电厂投产后可替代区域内全部采暖锅炉和工业锅炉，该热电厂大气环境影响预测内容应包括（　　）。

A．采暖期小时平均浓度　　B．采暖期日平均浓度

C．非采暖期小时平均浓度　　D．非采暖期日平均浓度

32．某拟建化工项目，大气环境影响评价等级为一级，污染源调查应包括被替代的污染源的（　　）。

A．名称　B．位置　C．排放污染物及排放量　D．拟被替代时间

33．下列属于大气污染面源调查内容的有（　　）。

A．面源位置　　B．面源体积

C．面源各主要污染物排放量　　D．面源初始排放高度

34．某复杂地形区建材项目，大气环境影响评价等级为一级，评价范围为边长36 km的矩形，大气环境影响评价必需的气象资料有（　　）。

A．环境空气现状监测期间的卫星云图资料

B．评价范围内最近20年以上的主要气候统计资料

C．近3年中数据相对完整的1个日历年气象数据

D．50 km范围内距离项目最近高空气象站近4年内的至少连续1年的常规高空气象探测资料

35．属于烟气干法脱硫措施的有（　　）。

A．石灰石—石膏法　B．活性炭法　C．氨法　D．钙法

36．声环境质量现状评价应分析评价范围内的（　　）。

A．声环境保护目标分布情况　　B．噪声标准使用区域划分情况

C．敏感目标处噪声超标情况　　D．人口密度

37．属于环境噪声现状评价的内容有（　　）。

A．现状噪声源分析　　B．声环境质量现状评价

C．固定声源几何尺寸大小分析　　D．公路长度分析

38．某医院建设项目，在噪声现状调查是应给出医院用地边界处的评价量包括（　　）。

A．昼间等效连续A声级　　B．夜间等效连续A声级

C．等效连续A声级　　D．L_{90}

39．将位于某一空旷区域的室外声源组等效为一个点声源应满足的条件是（　　）。

A．区域内声源有大致相同的高度

B．区域内声源有大致相同的强度

C．点生源到预测点的距离应大于声源组最大几何尺寸的2倍

D．区域内声源应按一定规律排列

40．在点声源声场中，和声屏障衰减有关的因素有（ ）。

A．声程差 B．声波频率 C．声屏障高度 D．地面特征

41．工矿企业声环境影响评价中，需着重分析（ ）。

A．主要噪声源 B．厂界和功能区超标的原因

C．厂区总图布置的合理性 D．建设项目与相邻工程之间的关系

42．声波传播过程中，与地面效应衰减相关的因素有（ ）。

A．地面类型 B．声源接收点高度

C．大气温度、湿度 D．接收点和声源之间的距离

43．在通用水土流失方程（USLE）中，确定土壤可蚀性 K 值的因素有（ ）。

A．土壤的机械组成 B．植被覆盖度

C．土壤有机质含量 D．土壤结构及渗透性

44．运用类别分析法进行建设项目生态影响评价时，选择类比对象的条件有（ ）。

A．工程性质、规模及范围与拟建项目基本相当

B．类比对象已竣工验收并运行一段时间

C．项目建设区生态环境基本相似

D．项目投资额度大致相等

45．关于土壤成土作用说法正确的有（ ）。

A．物理作用 B．化学作用 C．结晶作用 D．生物作用

46．某混合式电站在河道上筑拦河大坝，发电引水渠长 10 km，大坝至电站厂房间原河道两岸分布有须从河道取水灌溉的农田，其间另有一工业取水口，电站厂房上游 1 km 处有一支流汇入河道。为保障电站运行期间河道基本需水，从大坝下泄的水量应考虑（ ）。

A．工业取水量 B．农业灌溉水量

C．河流最小生态流量 D．厂房上游支流汇入水量

47．为保证堤坝式电站在建设和运行期间不造成下游河道断流，必须考虑下泄生态流量的时期有（ ）。

A．电站初期蓄水期间 B．电站正常发电过程中

C．电站机组部分停机时 D．电站机组全部停机时

48．某拟建高速公路局部路段穿越农田集中分布区，为减少公路建设对农田的占用，可采取的措施有（ ）。

A．提高路基高度 B．降低路基高度

C．收缩路基边坡 D．以桥梁代替路基

49．鱼类资源实地调查可采用的方法有（　　）。

A．钩钓　　B．网捕　　C．样方调查　　D．计数粪便

50．某拟建高速公路建设期在下列地点设置弃渣场，选址合理的有（　　）。

A．水田　　B．河道滩地　　C．废弃取土场　　D．荒土凹地

51．生态影响型建设项目土壤环境现状监测点布设应根据建设项目（　　）确定。

A．土壤环境影响类型　　B．评价工作等级

C．土地利用类型　　D．建设项目所在地的地形特征

E．地面径流方向

52．土壤二级评价的污染影响型建设项目，占地范围内还应根据（　　）等分析其可能影响的深度。

A．土体构型　　B．地下水位埋深

C．土壤质地　　D．饱和导水率

53．根据《环境影响评价技术导则　土壤环境（试行）》，以下情况可得出污染影响型建设项目土壤环境影响可接受的结论的是（　　）。

A．项目各不同阶段，土壤环境敏感目标处且占地范围内各评价因子均满足GB 15618、GB 36600，或附录D、附录F中相关标准要求的

B．运营期出现土壤盐化的问题，但采取防控措施后，可满足相关标准要求的

C．各不同阶段，土壤环境敏感目标处或占地范围内有个别点位、层位或评价因子出现超标，但采取必要措施后，可满足GB 15618、GB 36600或其他土壤污染防治相关管理规定的

D．各不同阶段，土壤环境敏感目标处或占地范围内各点位、层位或评价因子均未出现超标

54．土壤环境保护措施与对策包括（　　）。

A．项目生产设施的规模　　B．保护的目标

C．实施的保证措施　　D．预期效果的分析

55．关于公式$\Delta S=n(I_S-L_S-R_S)/(\rho_b \times A \times D)$，以下说法正确的是（　　）。

A．涉及大气沉降的，可不考虑L_S、R_S

B．ΔS的单位为g/kg或mmol/kg

C．I_S表示预测评价范围内单位年份表层土壤中某种物质的输入量

D．D一般取0.2 m

参考答案

一、单项选择题

1. B 2. A 3. C 4. B 5. D

6. D 【解析】纤维板应属原材料，其他都是家具行业的固废。刨花按理说是可以利用的，但对于生产厂家来说，主要被其他厂家利用（特殊情况除外），因此，对生产厂家而言，就成了固体废物。

7. C 【解析】对于绝大多数考生而言，并没有接触此类行业，从题中给出的信息可知，切片工序用的切割液是循环使用的，不会产生废水，但该工序完成后部分切割液会附在半成品中，清洗工序会把这部分切割液洗干净，因此会产生废水。

8. C 【解析】脱硫效率为 50%时，SO_2 现状产生量为 180 t/a，脱硫效率为 80%时，SO_2 现状排放总量为 36.0 t/a。

9. B 【解析】考查面声源衰减的知识。由公式：L_1（室内）$-L_2$（室外）=TL（窗户的隔声量）+6 可计算，90 $-L_2$（室外）=20+6，L_2（室外）=64；再由公式：

$$L_{W2}=L_2(T)+10\lg S=64+10\lg 40=80$$

10. B 【解析】考查面声源随传播距离增加引起的衰减。由题中信息可知，面声源的宽度和长度分别为：$a=2\pi$，$b=6\pi$，则 $a/\pi=2$，$b/\pi=6$；距外墙的 5 m（r）在 2 与 6 之间，因此，符合“距离加倍衰减 3 dB（A）”，答案为 67dB（A）。

11. D 【解析】考查点声源声功率级时的距离发散衰减规律。由“某直径为 3 m 的风机离地高度 40 m”，可以近似认为是自由声场，利用自由声场衰减公式：$L_A(r)=L_{AW}-20\lg(r)-11$ 可计算出。

12. C 【解析】考查点声源的概念。声源中心到预测点之间的距离超过声源最大几何尺寸 2 倍时，可将该声源近似为点声源。

13. D 【解析】考查声级的叠加。两个 55 dB（A）声级叠加后为 58 dB（A），再与 58 dB（A）叠加，则为 61 dB（A）。

14. B 【解析】此题不能简单平均。要用能量平均的方法进行计算，导则和教材都有此公式，等效声级$=10\log\left[\frac{1}{16}\left(8\times10^{0.1\times55}+8\times10^{0.1\times65}\right)\right]=62.4$。但从考试技巧的角度来讲，就不用计算了，能量平均后的计算结果应该在 55.0 和 65.0 之间，答案只有一个。另外，大部分考生也记不住上述公式。

15. B 16. B

17. B 【解析】Ⅱ类建设项目地下水保护与环境水文地质问题减缓措施之一：

以均衡开采为原则，提出防止地下水资源超量开采的具体措施，以及控制资源开采过程中由于地下水水位变化诱发的湿地退化、地面沉降、岩溶塌陷、地面裂缝等环境水文地质问题产生的具体措施。

18. A 【解析】根据导则，一般情况下，地下水水质取样只取一个水质样品，取样深度宜在地下水水位以下 1.0 m 左右。

19. D

20. D 【解析】根据《锅炉大气污染物排放标准》，1 间锅炉房只能设 1 根烟囱，因此，只有 D 符合要求。

21. A 【解析】国家标准和地方标准同时存在时，地方标准优先，因此，除尘器效率=（1 800 − 80）/1 800=0.956。

22. A 【解析】项目非正常条件下，预测评价环境空气保护目标和网格点主要污染物的 1 h 最大浓度贡献值。

23. B 【解析】评价范围涉及多个行政区，需分别评价各行政区的达标情况，若存在不达标行政区，则判定项目所在评价区域为不达标区。

24. D 25. D

26. B 【解析】根据公式 $U=V/N$ 可知（U 为实际流速，V 为渗透速度，N 为孔隙度，$N<1$），渗透速度小于实际流速。对于此公式还要理解其实际内涵。

27. B 【解析】此题应理解记忆，《环境影响评价技术导则 地下水环境》中附录 B.1，比如粗砂肯定比细砂的渗透系数要大。

28. D 【解析】其他三个选项主要针对 I 类项目地下水保护对策。

29. D 【解析】从考试技巧的角度，也应选 D。

30. D

31. C 【解析】《环境影响评价技术导则 地表水环境》（HJ 2.3—2018）附录 C 补充调查监测布点及采样频次中，C.2 湖库监测点位设置与采样频次，对于水污染影响型建设项目，水质取样垂线的设置可采用以排放口为中心，沿放射线布设或网格布设的方法，按照下列原则及方法设置：一级评价在评价范围内布设的水质取样垂线数宜不少于 20 条；二级评价在评价范围内布设的水质取样垂线数宜不少于 16 条。采样频次：每个水期可监测一次，每次同步连续取样 2 ~ 4 d，每个水质取样点每天至少取一组水样，但在水质变化较大时，每间隔一定时间取样一次。溶解氧和水温监测频次，每间隔 6 h 取样监测一次，在调查取样期内适当监测藻类。

32. D 【解析】由“在一特殊生态敏感区”可知，项目为一级评价项目，由“占地面积为 9.8 km^2”可知，对照导则，成图比例尺至少 1∶10 000。该题考查较细，纯属记忆的知识点，需找出规律记忆。

33. A 【解析】此题并没有考察香农-威纳指数的计算，仅考查该指数里面的

P_i值的计算。$P_i=n_i/N$，N为样品总个体数，本题为830株，n_i为第i种个体数，本题为150株。

34. C 【解析】其他选项都属基本图件。

35. C 【解析】相对距离在800～1 600 m，可作为远景，中等敏感。

36. B

37. D 【解析】利用完全混合模式可以算出结果。排污河段排放口断面径污比为4.0的意思是断面流量为4，则排污量为1。$c=\frac{10\times1+0.5\times4}{1+4}=2.4\ \text{mg/L}$。

38. C 【解析】此题不需复杂的公式，考查总量、容量的关系，在满足容量的条件下提出总量。最大可能允许排污量=$20\times50\times10^3\times3\,600\times24\times(1-70\%)\div(1-20\%)\times10^{-9}=32.4$ t/d。另外，计算时注意单位的换算。

39. D 【解析】根据零维模型公式，需要浓度和流量参数，流量参数可由流速、水深、水面宽度计算获得；一维解析模型需根据流速、纵向扩散系数进行简化分类判定。由此可知答案只有D。

40. A 【解析】根据满足达标排放、满足地方环保部门的要求以及从严的原则，选A是最合理的。

41. A 【解析】HJ 2.3—2018 中 9.3.2 提出地表水环境质量监测计划，包括监测断面或点位位置（经纬度）、监测因子、监测频次、监测数据采集与处理、分析方法等。明确自行监测计划内容，提出应向社会公开的信息内容。

42. A 【解析】根据国家或地方生态环境主管部门公开发布的城市环境空气质量达标情况，判断项目所在区域是否属于达标区。

43. D 【解析】另行选址是最优措施，选址变了，影响也没了。

44. B 【解析】此题在生态影响导则附录C中有详细的答案。空间结构分析基于景观是高于生态系统的自然系统，是一个清晰的和可度量的单位。景观由斑块、基质和廊道组成，其中基质是景观的背景地块，是景观中一种可以控制环境质量的组分。因此，基质的判定是空间结构分析的重要内容。判定基质有三个标准，即相对面积大、连通程度高、有动态控制功能。

45. B 【解析】此题在教材中能找到答案，但如果有一些遥感影像的常识，也会知道选择B。

46. D 【解析】缩小作业带宽度，也就是减少占地面积，对植被影响就小了。

47. D

48. B 【解析】包气带是指位于地球表面以下、潜水面以上的地质介质。有时人们也把包气带称为非饱和区，但是这两个概念的含义不完全相同。

49. C 【解析】此题在书上找不到答案，为地学常识。

50. C 【解析】《环境影响评价技术导则 地表水环境》（HJ 2.3—2018）7.6.3 表 4 河流数学模型适用条件中，纵向一维模型适用条件为沿程横断面均匀混合。

51. A 【解析】导则 7.3.2.2 原文：“评价工作等级为一级的建设项目应参照表 C.2 填写土壤剖面调查表。”

52. A 【解析】土壤中砂粒成分＞50%、细黏土成分＜30%，说明该土壤是砂土，表征了土壤质地。

53. D 【解析】导则 8.1.4 原文：“土壤环境影响分析可定性或半定量地说明建设项目对土壤环境产生的影响及趋势。”

54. C 【解析】导则附录 E.1.2 原文：“可通过工程分析计算土壤中某种物质的输入量；涉及大气沉降影响的，可参照 HJ 2.2 相关技术方法给出。”

55. A 【解析】根据《污染场地土壤修复技术导则》6.1.1.3.5，“对于重金属和半挥发性有机物，在一个采样网格和间隔内可采集混合样。”

二、不定项选择题

1. BCD 2. ABCD

3. AB 【解析】选项 CD 都属具体的指标。

4. BCD 【解析】无组织排放分布涉及空间的概念，在工艺流程及产污节点图上只能标出无组织排放的位置，分布则很难看出。

5. ABCD 6. ABCD

7. ABC 【解析】一般来说，在环评文件中不会提出选项 D 这样的措施。

8. ABCD 【解析】此题比较简单，复习时对每一种方法的主要原理要理解。

9. BC 【解析】小型房地产开发项目属Ⅰ类建设项目，根据《环境影响评价技术导则 地下水环境》，Ⅰ类建设项目也要进行地下水环境调查。根据《环境影响评价技术导则 生态影响》，三级评价项目可充分借鉴已有资料说明生态现状，并没有明确不需叙述生态系统的主要类型。

10. ABC 【解析】扩建项目工程分析时除了应说明扩建项目的工程情况外，原矿山存在的环境问题也应交代，原矿山的渣场就是其中的环境问题之一。

11. ABD

12. AB 【解析】污水中的磷主要来自生活污水中的含磷有机物、合成洗涤剂、工业废液、化肥农药以及各类动物的排泄物。如污水没有完全处理，磷还会流失到江河湖海中，造成这些水体的富营养化。除磷方法可分为物化除磷法和生物除磷法及人工湿地除磷法。物化除磷法包括化学沉淀法、结晶法、吸附法。生物除磷法是一种相对经济的除磷方法，但由于该除磷工艺目前还不能保证稳定达到出水标准的要求，所以要达到稳定的出水标准，常需要采取其他除磷措施来满足要求，化学沉淀法是最常见的方法。A^2/O 工艺亦称 A-A-O 工艺，是英文 Anaerobic-Anoxic-Oxic 第一个字母的简称（生物脱氮除磷）。按实质意义来说，本工艺称为厌氧-缺氧-好氧法，是生物脱氮除磷工艺的简称。

13. BD 【解析】对于高浓度 COD 生产废水，一般厌氧处理比较经济。接触氧化属好氧处理方法。

14. ABCDE 【解析】HJ 169—2018 中 10.3.1 原文："按照国家、地方和相关部门要求，提出企业突发环境事件应急预案编制或完善的原则要求，包括预案适用范围、环境事件分类与分级、组织机构与职责、监控和预警、应急响应、应急保障、善后处置、预案管理与演练等内容。"

15. ACD 【解析】根据《固体废物污染环境防治法》，处置是指将固体废物焚烧或用其他改变固体废物的物理、化学、生物特性的方法，达到减少已产生的固体废物数量、缩小固体废物体积、减少或者消除其危险成分的活动，或者将固体废物最终置于符合环境保护规定要求的填埋场的活动。选项 B 只能算是处理。

16. AC 【解析】垃圾收集方式与生活垃圾焚烧项目关系不大，但垃圾运输方式需交代。

17. BD 【解析】本题问的是"污染防控对策"，并不是"环境保护措施与对策"。

18. ABCD 19. ABCD 20. BD 21. ABD 22. ABCD 23. AB

24. ABC 【解析】HJ 2.3—2018 中 E.1 混合过程段长度估算公式：

$$L_m = 0.11 + 0.7\left[0.5 - \frac{a}{B} - 1.1\left(0.5 - \frac{a}{B}\right)^2\right]^{1/2}\frac{uB^2}{E_y}$$，位于河流中心线同侧的排污口，距离岸边距离越近，混合段长度越短。a =0 m，$L_0=0.11+0.33\frac{uB^2}{E_y}$；$L_1=0.11+0.7\frac{uB^2}{E_y}$，据此，距离两侧岸边距离相同时 L 值相同。

25. ABC 【解析】HJ 2.3—2018 中 7.10.1.1 河流、湖库设计水文条件要求：a）河流不利枯水条件宜采用 90%保证率最枯月流量或近 10 年最枯月平均流量；流向不定的河网地区和潮汐河段，宜采用 90%保证率流速为零时的低水位相应水量作为不利枯水水量；湖库不利枯水条件应采用近 10 年最低月平均水位或 90%保证率最枯月平均水位相应的蓄水量，水库也可采用死库容相应的蓄水量。其他水期的设计水量则应根据水环境影响预测需求确定。

26. ABCD 【解析】HJ 2.3—2018 中 9.2.5 对于建设项目引起的水温变化可能对农业、渔业生产或鱼类繁殖与生长等产生不利影响，应提出水温影响减缓措施。对产生低温水影响的建设项目，对其取水与泄水建筑物的工程方案提出环保优化建议，可采取分层取水设施、合理利用水库洪水调度运行方式等。对产生温排水影响的建设项目，可采取优化冷却方式减少排放量，可通过余热利用措施降低热污染强度，合理选择温排水口的布置和形式，控制高温区范围等。

27. ABCD　28. B　29. ABD　30. CD　31. ABC

32. ABCD　【解析】一级评价项目调查拟替代污染源名称、位置、排放污染物及排放量、拟被替代时间等。

33. ACD

34. BC　【解析】一级评价项目，需获得评价范围内近 20 年以上的主要气候统计资料及近 3 年中数据相对完整的 1 个日历年气象数据。

35. B　【解析】其他选项都属湿法脱硫措施。此类题已考过。

36. ABC　37. AB　38. AB　39. ABC

40. ACD　【解析】声波频率是反映声音自身的特点。

41. ABC

42. ABD　【解析】大气温度、湿度也能引起衰减，但属气象因素的衰减。

43. ACD　【解析】该题在教材中有明确答案，但考点较细。

44. ABC　【解析】《环境影响评价技术导则　生态影响》中有明确规定类比分析法的条件。

45. ABD　【解析】成土作用是土壤形成的过程，也称为成土过程，这也是母质产生肥力而转变成土壤的过程。一般的教科书，认为成土过程是在 5 大成土因素（即气候、母质、生物、地形和时间）作用下形成的。这些因素在土壤的形成过程中，会有物理、化学作用、生物作用。

46. ABCD　【解析】引水式电站是利用人工水渠，将水流引到较远的与下游河道有较大落差的地方，在那里修建电站，利用水流落差发电。生态需水量应该是特定区域内生态系统需水量的总称，包括生物体自身的需水量和生物体赖以生存的环境需水量，生态需水量实质上就是维持生态系统生物群落和栖息环境动态稳定所需的用水量。

47. AD　48. BCD

49. B　【解析】鱼类资源实地调查一般采用网捕，也附加市场调查法等。市场调查法是指到市场上调查渔民的渔获物，记录收集的渔获物的种类和数量，并记录每尾鱼的体长、体重等形态学指标数据。

50. CD　【解析】根据《中华人民共和国河道管理条例》第二十四条，在河道管理范围内，禁止修建围堤、阻水渠道、阻水道路；种植高秆农作物、芦苇、杞柳、荻柴和树木（堤防防护林除外）；设置拦河渔具；弃置矿渣、石渣、煤灰、泥土、垃圾等。

51. ABCDE　【解析】HJ 964—2018 中 7.4.2.1 原文：“土壤环境现状监测点布设应根据建设项目土壤环境影响类型、评价工作等级、土地利用类型确定。”7.4.2.3

原文:“生态影响型建设项目应根据建设项目所在地的地形特征、地面径流方向设置表层样监测点。”

52. ACD 【解析】HJ 964—2018 中 8.7.3 原文:“污染影响型建设项目,其评价工作等级为一级、二级的,预测方法可参见附录 E 或进行类比分析;占地范围内还应根据土体构型、土壤质地、饱和导水率等分析其可能影响的深度。”

53. ACD 【解析】HJ 964—2018 中 8.8.1 原文:“以下情况可得出建设项目土壤环境影响可接受的结论:a)建设项目各不同阶段,土壤环境敏感目标处且占地范围内各评价因子均满足 8.6 中相关标准要求的;b)生态影响型建设项目各不同阶段,出现或加重土壤盐化、酸化、碱化等问题,但采取防控措施后,可满足相关标准要求的;c)污染影响型建设项目各不同阶段,土壤环境敏感目标处或占地范围内有个别点位、层位或评价因子出现超标,但采取必要措施后,可满足 GB 15618、GB 36600 或其他土壤污染防治相关管理规定的。”

54. BCD 【解析】HJ 964—2018 中 9.1.1 原文:“土壤环境保护措施与对策应包括:保护的对象、目标,措施的内容、设施的规模及工艺、实施部位和时间、实施的保证措施、预期效果的分析等,在此基础上估算(概算)环境保护投资,并编制环境保护措施布置图。”

55. ABCD 【解析】HJ 964—2018 中 E.1.2 原文:

“单位质量土壤中某种物质的增量可用下式计算:

$$\Delta S = n\left(I_{\mathrm{S}} - L_{\mathrm{S}} - R_{\mathrm{S}}\right) / \left(\rho_{\mathrm{b}} \times A \times D\right)$$

式中:ΔS—— 单位质量表层土壤中某种物质的增量,g/kg;

表层土壤中游离酸或游离碱浓度增量,mmol/kg;

I_{S}—— 预测评价范围内单位年份表层土壤中某种物质的输入量,g;

预测评价范围内单位年份表层土壤中游离酸、游离碱输入量,mmol;

L_{S}—— 预测评价范围内单位年份表层土壤中某种物质经淋溶排出的量,g;

预测评价范围内单位年份表层土壤中经淋溶排出的游离酸、游离碱的量,mmol;

R_{S}—— 预测评价范围内单位年份表层土壤中某种物质经径流排出的量,g;

预测评价范围内单位年份表层土壤中经径流排出的游离酸、游离碱的量,mmol;

ρ_{b}—— 表层土壤容重,kg/m^3;

A—— 预测评价范围,m^2;

D—— 表层土壤深度,一般取 0.2 m,可根据实际情况适当调整;

n—— 持续年份,a。”

参考文献

[1] 生态环境部. 环境影响评价工程师职业资格考试大纲（2020 年版）[M]. 北京：中国环境出版集团，2020.

[2] 生态环境部环境工程评估中心. 环境影响评价技术方法（2020 年版）[M]. 北京：中国环境出版集团，2020.

[3] 环境保护部. 建设项目环境影响评价技术导则 总纲（HJ 2.1—2016）[M].北京：中国环境出版社，2017.

[4] 生态环境部. 环境影响评价技术导则 大气环境（HJ 2.2—2018）[M]. 北京：中国环境出版集团，2018.

[5] 生态环境部. 环境影响评价技术导则 地表水环境（HJ 2.3—2018）[M]. 北京：中国环境出版集团，2019.

[6] 环境保护部. 环境影响评价技术导则 地下水环境（HJ 610—2016）[M]. 北京：中国环境出版社，2016.

[7] 环境保护部. 环境影响评价技术导则 声环境（HJ 2.4—2009）[M]. 北京：中国环境科学出版社，2010.

[8] 环境保护部. 环境影响评价技术导则 生态影响（HJ 19—2011）[M]. 北京：中国环境科学出版社，2011.

[9] 生态环境部，环境影响评价技术导则 土壤环境（试行）（HJ 964—2018）[M]. 北京：中国环境出版集团，2019.

[10] 环境保护部. 规划环境影响评价技术导则（HJ 130—2014）[S].

[11] 生态环境部. 建设项目环境风险评价技术导则（HJ 169—2018）[M]. 北京：中国环境出版集团，2019.

[12] 国家环境保护局. 建设项目竣工环境保护验收技术规范 生态影响类（HJ/T 394—2007）[M]. 北京：中国环境科学出版社，2008.

[13] 李爱贞，周兆驹，等. 环境影响评价实用技术指南[M]. 北京：机械工业出版社，2008.

[14] 常明旺，孔繁荣，等. 工业企业水平衡测试、计算、分析[M]. 北京：化学工业出版社，2007.

[15] 国家环保总局. 排污申报登记实用手册[M]. 北京：中国环境科学出版社，2004.

[16] 田子贵，顾玲. 环境影响评价[M]. 北京：化学工业出版社，2004.

[17] 周国强. 环境影响评价[M]. 武汉：武汉理工大学出版社，2003.

图书在版编目（CIP）数据

环境影响评价技术方法基础过关800题：2020年版 / 杨利芳主编．—13版．—北京：中国环境出版集团，2020.3
全国环境影响评价工程师职业资格考试系列参考资料
ISBN 978-7-5111-4291-7

Ⅰ．①环… Ⅱ．①杨…Ⅲ．①环境影响—评价—资格考试—习题集 Ⅳ．①X820.3-44

中国版本图书馆CIP数据核字（2020）第024450号

出 版 人 武德凯
责任编辑 黄晓燕
文字编辑 殷玉婷
责任校对 任　丽
封面制作 宋　瑞

更多信息，请关注
中国环境出版集团
第一分社

出版发行 中国环境出版集团
（100062 北京市东城区广渠门内大街16号）
网　　址：http://www.cesp.com.cn
电子邮箱：bjgl@cesp.com.cn
联系电话：010-67112765（编辑管理部）
010-67112735（第一分社）
发行热线：010-67125803，010-67113405（传真）

印　　刷 北京中科印刷有限公司
经　　销 各地新华书店
版　　次 2007年1月第1版 2020年3月第13版
印　　次 2020年3月第1次印刷
开　　本 787×960 1/16
印　　张 13.5
字　　数 250千字
定　　价 33.00元